KB203271

한 권으로 끝내는

중학
과학

한권으로끝내는 **중학 과학**

ⓒ 김용희, 2024

초판 1쇄 인쇄일 2024년 10월 18일
초판 1쇄 발행일 2024년 11월 01일

지은이 김용희
펴낸이 김지영 **펴낸곳** 지브레인^{Gbrain}
편 집 김현주
마케팅 조명구 **제작 · 관리** 김동영

출판등록 2001년 7월 3일 제2005-000022호
주소 04021 서울시 마포구 월드컵로7길 88 3층
전화 (02)2648-7224 팩스 (02)2654-7696

ISBN 978-89-5979-799-8(03400)

2025
개정판

한 권으로 끝내는

중학
과학

김용희 지음

과학의 기본 개념과 원리를 이해하는
과학 사고력의 시작 중학 과학!

지브레인

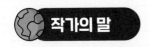

꽃, 개구리, 비커, 온도계, 용수철저울 등 초등학교에서 과학은 실험과 함께하는 재미있는 과목이었다. 그런데 중학교에 들어오면서부터는 너무나 어렵고 힘든 과목으로 바뀐다. 왜 그럴까? 중학교 1학년 1학기를 마치고 나면 일부의 학생들은 과학을 아예 포기해버린다. 일단 한자가 섞인 어려운 과학용어와 초등학교 때 배운 내용과 연계되어 있음에도 불구하고 전혀 들어본 적 없는 듯한 내용으로 낯설게 다가오기 때문일 것이다.

물리, 화학, 지구과학, 생물 등 과학의 분야도 다양하다. 이렇게 다양한 분야를 한꺼번에 다 배우려니 머리는 아프고 피하고만 싶어진다. 낯선 용어와 개념을 무조건 외우려 하다 보면 포기할 수밖에 없다. 그런데 과학을 외면할 수는 없다. 인류 역사의 시작과 함께한 중요한 학문이며 우리 삶을 지배하는 기초학문이기도 하기 때문이다. 그렇다면 과학을 재미있게 배우고 이해하기 위해서는 어떻게 해야 할까?

먼저 과학이 무엇인지에 대한 기본 이해가 필요하다. 과학은 지금까지 인류가 살아오면서 과학자들이 알아낸 많은 사실을 정리한 학문이다. 우리 몸 자체도 과학이고 내가 서 있는 지구도, 저 하늘 높이 떠 있는 달과 별들도 과학이다. 과학을 잘하려면 먼저 나 자신과 주변에 대해 관심을 가져야 한다. 이를 위해서는 왜 그럴까? 라는 호기심을 잃지 말아야 한다. 이 왜?가 과학의 시작이다.

지구에 대해서 공부하기 전에 먼저 주위를 둘러보자. 하늘과 바다와 땅. 그리고 내가 딛고 사는 땅 속에는 무엇이 있을까? 어떤 일이 일어날까? 하늘 위에는 무엇이 있을까? 내가 매일 만지는 휴대전화는 어떤 원리로 작동하는 걸까? 먼저 이런 궁금증을 품어보고 그 답을 얻으려고 해보면 과학이 더 쉽게 다가올 것이다.

중학교 과학은 하나하나의 개념과 원리도 중요하지만 전체적인 과학이 어떻게 흘러가는지도 파악해야 한다. 우리 생활의 모든 부분에 과학이 관여하고 있고 과학의 발달로 우리의 생활이 더 편리해지고 있다. 이 과학이 발달하는 방향이 바로 우리의 미래이기 때문에 과학에 대한 흥미를 버려서는 안 된다.

그래서 《한 권으로 끝내는 중학 과학》은 과학에 대한 기본 개념과 원리뿐 아니라 그 사실을 밝혀낸 과학자들의 이야기도 들어 있다. 과학의 여러 단원이 사실은 서로 연관되어 있음도 보여주고자 노력했다. 지금 우리의 삶과 맞닿아 있는 과학의 모습도 소개하고 있다.

그래서 이 책은 중학교에 들어와서 어떻게 과학 공부를 시작해야 할지 고민하는 신입생부터 과학에 대한 흥미를 잃어가는 학생들 그리고 전체적으로 중학과정을 정리하고 개념을 다시 머릿속에 정립하고 싶은 학생들을 위해서 쓰여졌다.

이야기책을 읽듯이 술술 읽으면서 '아, 이런 내용이었구나' 전체적으로 감을 잡은 후 좀 더 자세히 알고 싶은 분야를 여러 번 읽어보면 과학이 그리 어려운 과목이 아니란 것을 느낄 수 있을 것이다.

학생들이 좀 더 쉽게 과학에 흥미를 가지고 그 내용을 이해할 수 있도록 하고 싶은 마음에 쉽게 풀어서 설명하고 다양한 사진과 예를 최대한 많이 소개하기 위해 노력했다.

고대 철학자들이 과학자이기도 했던 것처럼 과학적 사고력은 생각의 깊이를 깊고 넓게 해준다. 그래서 고등과학, 대학과학을 넘어 여러분이 살아가는 삶에 있어서도 좋은 영향을 끼칠 것이다.

모쪼록 《한 권으로 끝내는 중학 과학》이 여러분의 학문과 삶에 도움이 되었으면 한다.

김봉희

목차

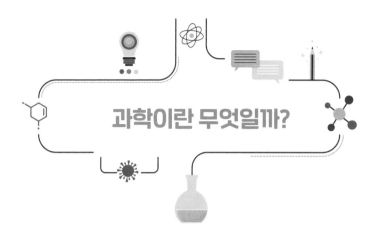

과학이란 무엇일까?

과학이 뭘까?

과학이라고 하면 우주선도 떠오르고 로봇도 생각날 것이다. 현미경이나 망원경, 실험도구들이 떠오를 수도 있다.

인류가 불을 발견하고 도구를 만들어 생활하면서부터 과학이 시작되었다고 볼 수 있다. 그렇다면 도구를 사용하는 것이 과학일까? 그런데 원숭이들도 도구를 사용한다. 원숭이 역시 오랜 과거부터 나뭇가지나 돌 등을 도구로 사용해온 것이다.

인간 또한 시작은 돌이나 나뭇가지를 이용한 도구였다. 그리고 그것을 응용 발전시켜 금속 도구. 플라스틱, 유리 등 다양하게 변화시켰다. 그런 면에서 인간은 지식을 획득하여 사용하는 선에서 그치지 않고 그 지식을 후손에게 물려주면서 더 실용적이고 능률적으로 발전시켜 간 것이다.

과학은 자연현상이나 사물에 대한 호기심으로 시작되었다. 사소한 작은 현상을 관찰하고 갖게 된 의문을 풀기 위해 자료를 모으고 실험하는 과정에서 사람들은 자연의 원리나 법칙을 찾아내게 된다. 이러한 탐구활동과 그 과정을 통해 얻어지는 지식 모두를 과학이라고 한다. 그리고 전문적으로 연구하는 사람을 과학자라고 한다.

과학자는 관찰한 사실과 측정하고 분석한 자료를 모아서 논리적으로 가설을 세운다. 또 알고 있는 여러 가지 사실들을 연결하여 이론으로 만들고 이 이론을 검증하기 위해 실험을 반복한다. 이렇게 세워진 이론을 과학적인 통찰력으로 발전시켜 인류의 삶을 변화시켜왔다.

나는 누구인가? 지구는 어떻게 만들어졌을까? 저 하늘 너머에는 무엇이 있을까?

인간이나 사물의 본질에 대한 호기심과 끝없는 상상이 지금의 과학을 낳았다고 볼 수 있다.

고대 그리스 시대에는 철학이 발달하면서 자연스럽게 과학도 발전했다. 그 시대의 위대한 과학자인 아리스토텔레스나 플라톤, 아르키메데스 등은 과학자이면서 철학자이기도 하다. 이처럼 오랜 세월 철학자가 과학자이

1509년 라파엘로의 〈아테네 학당〉 속 플라톤과 아리스토텔레스.

자 수학자인 하나의 학문에서 시작되어 점점 세분화되더니 지금처럼 다양한 분야로 나뉘게 되었다. 그리고 현대사회에서는 세분화된 학문을 연결해서 하나의 과제를 수행하는 융합학문의 형태로 새롭게 변화하고 있다.

과학의 탐구 방법

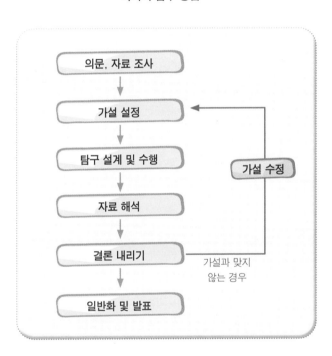

과학은 우리 생활에 어떤 영향을 주었을까?

과학은 기술과 아주 밀접한 관계 속에서 발전해왔다. 그래서 과학 기술이라는 말을 많이 사용한다.

과학 기술의 발달로 우리 생활에는 많은 변화가 일어났다. 통신 기술의 발달은 오랜 시간을 필요로 하던 봉화나 편지 대신 휴대전화와 인터넷을 통해 소식을 즉시 알 수 있게 해줬고 청진기로 듣던 몸속의 상태는 MRI 등 첨단 의료 장치로 더 명확하게 들여다 볼 수 있게 되었다.

또한 인류 최대의 문제인 식량문제와 질병을 해결하기 위해 다양한 연구가 진행되고 인공지능과 로봇을 이용하여 일의 효율성과 안전성을 높이고 있다. 일상생활에서도 하루의 시작부터 끝까지 우리가 사용하는 물건들은 과학 기술을 바탕으로 만들어져 있을 만큼 과학은 우리 생활에 큰 영향을 미치고 있다.

하지만 과학의 발달이 장점만 있는 것은 아니었다. 환경이 오염되어 많은 생물들이 멸종하고 마구잡이로 사용한 자원은 고갈되었다. 또 생태계가 파괴되었다. 핵무기 등 다양한 대량 살상무기의 개발은 전쟁의 위험을 높였고 인류의 생존은 끊임없이 위협당하고 있다. 그리고 인터넷의 발달은 개인의 사생활을 침해하고 사이버범죄의 온상이 되고 있다.

따라서 앞으로의 과학은 이러한 위협으로부터 인류와 지구를 구하려는 노력을 더 많이 하게 될 것이다.

또한 과학은 기술, 예술, 인문학 등 다른 분야와 융합하면서 환경 공학자, 문화재 보존 전문가, 메디컬 일러스트레이터, 빅데이터 분석가 등 새로운 직업들을 탄생시켰다.

이처럼 인간의 삶에 깊숙이 파고들어 온 과학을 우리가 사는 지구를 시작으로 이제부터 좀 더 구체적으로 알아볼 것이다.

제1장

지구를 구성하는 요소
지구계

지구계란 무엇일까?

우리가 사는 아름다운 별 지구

우주에서 바라보면 푸르게 빛나는 아름다운 별이 우리가 사는 지구이다. 그럼 어디까지를 지구라고 할 수 있을까? 우리가 서 있는 땅? 바다? 하늘? 하늘도 지구라면 저 하늘의 어디까지가 지구일까? 학계에서는 땅에서부터 1000km까지의 상공을 지구의 대기권으로 규정했으니 거기까지 지구라고 이야기할 수 있겠다.

이처럼 땅과 물 그리고 생물, 지구를 감싸는 공기와 지구에게 영향을 끼치는 외부요소까지 포함하여 지구계라고 한다. 계(시스템)란 여러 구성 요소들이 서로 영향을 주고받으며 상호작용을 하는 조직이나 체계를 말한다. 지구계는 지구를 구성하는 요소들이 서로 영향을 주고받으며 상호작용하는 계이다.

지구계는 지구 표면과 내부를 이루는 단단한 암석권인 지권, 지구에 있는 물의 영역인 수권, 지구를 둘러싸고 있는 대기층인 기권, 사람을 포함한 지구상의 모든 생물인 생물권, 기권 바깥의 우주 공간인 외권으로 구성된다.

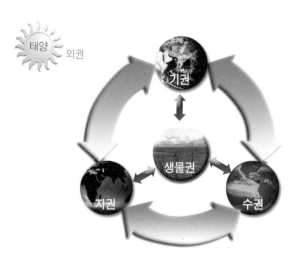

지구계의 구성 요소의 특징.

구성 요소	특징
지권	지구 환경에서 가장 큰 부피를 차지. 변화가 느리지만 다른 영역에 가장 큰 영향을 미친다.
수권	강수 현상. 태양 복사 에너지 저장. 지구의 평균 기온을 일정하게 유지. 저위도의 에너지를 고위도로 이동.
기권	호흡과 광합성에 필요한 기체를 제공. 지구를 일정한 온도로 유지. 자외선과 유성체 충돌을 막는다.
생물권	지권, 수권, 기권에 걸쳐 넓게 분포.
외권	지구로 들어오는 해로운 우주선과 태양풍을 막아주는 보호막 역할.

내 에너지의 근원은 태양?

모든 생명은 살아가기 위해서 에너지가 필요하다. 우리 역시 생각하고 움직이는 데 에너지가 필요하다. 그 에너지를 얻기 위해 우리는 열심히 먹고 마신다.

지구계 역시 유지되기 위해서는 에너지가 필요하다. 지구는 어떤 에너지를 사용하고 있을까? 여러분의 머릿속에 떠오르는 것이 있을 것이다. 그렇다. 예로부터 신으로 숭배받던 바로 그 태양이다.

지구 전체의 에너지 중 대부분은 태양에서 오는 **태양 복사 에너지**가 차지한다. 대기와 물은 태양 복사 에너지를 통해 순환하면서 풍화와 침식 작용을 일으키고 지구 전체로 에너지를 전달한다. 식물 역시 태양에너지를 이용한 광합성을 통해 양분과 산소를 만들어낸다. 이 양분과 산소로 모든 생물체가 살아갈 수 있다. 따라서 내가 사용하는 에너지도 근원적으로 태양으로부터 왔다고 할 수 있다.

두 번째 에너지는 **지구 내부 에너지**이다. 지구 내부 에너지는 지구 중심인 핵에서 나오는 열에너지와 암석 속에 포함된 방사성 원소의 붕괴로 나오는 열에너지를 말한다. 지구 내부 에너지는 맨틀 대류를 일으켜서 새로운 지각을 만들며 판을 이동시킨다. 화산과 지진 활동을 일으키는 장본인으로, 대규모의 지각 변동을 일으켜 지구의 모양을 바꾼다.

세 번째 에너지는 **조석 에너지**이다. 조석 에너지는 태양과 달의 인력에 의해서 발생하는 에너지로, 밀물과 썰물의 원인이다. 또한 해안 지역에서 침식과 퇴적을 일으켜서 해안 지형을 바꾸는 일을 한다.

그렇다면 이러한 에너지들은 어떻게 이동할까?

지구계 내에서는 물이나 탄소 같은 물질이 순환하면서 에너지가 함께 이동한다.

태양 에너지를 받아 물이 증발하면서 바다(수권)에서 하늘(기권)로 이동하고 다시 비나 눈이 되어 땅(지권)으로 내린다. 이 물은 땅의 모습을 변화시키면서 다시 바다로 돌아간다. 물은 고체, 액체, 기체로 상태가 변하면서 순환하는 데 이 과정에 열이 출입하면서 에너지가 이동한다.

탄소는 어떻게 순환할까?

지구상에서 탄소는 각 권역에 다양한 형태로 존재한다. 그중 가장 많은 양이 지권에 분포하는데, 주로 석회암에 저장되어 있다.

기권에 있는 탄소는 식물의 광합성을 통해서 생물권으로 들어간다. 공기 중의 이산화 탄소가 기공을 통해 식물로 들어가 광합성을 통해서 유기물로 변한다(광합성에 대해서는 따로 다룰 예정이다).

탄소는 유기물 형태로 생물체 내로 흡수된 후 생물들의 호흡을 통해서 이산화 탄소 형태로 공기 중으로 배출된다. 또한 생물체의 체내에 탄수화물, 단백질, 섬유소 등의 성분으로 존재하기도 한다. 탄소는 바닷물에 녹아서 수권으로 이동하며, 화산 폭발로 인해 지각에 묻혀 있던 탄소가 공기 중으로 방출되기도 한다.

바닷물 속의 탄소는 해저탄산염(탄산 칼슘, 탄산 나트륨 등)의 형태로 바

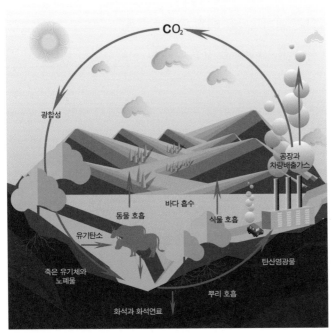

광합성

CO₂

공장과
차량배출가스

바다 흡수

동물 호흡

식물 호흡

유기탄소

죽은 유기체와
노폐물

탄산염광물

뿌리 호흡

화석과 화석연료

탄소의 순환.

다 밑에 쌓여서 지권이 되고 메테인, 석탄, 석유 등의 형태로 바뀐 후
연료로 사용되어 기권으로 돌아간다. 사람은 호흡이나 화석 연료를 연
소시켜 탄소를 순환시키는 역할을 하는 데, 매년 전 세계에서 배출되
는 이산화 탄소의 양은 약 400억 t에 이른다.

탄소는 물과 달리 다른 원소와 결합한 다양한 존재형태로 바뀌면
서 순환한다.

지구계 내에서 물질과 에너지가 순환하면서 각 권 사이에 상호 작용

이 일어난다. 이를 통해 기상 현상, 화산 활동, 풍화, 침식, 태풍 발생 등 다양한 현상이 나타난다.

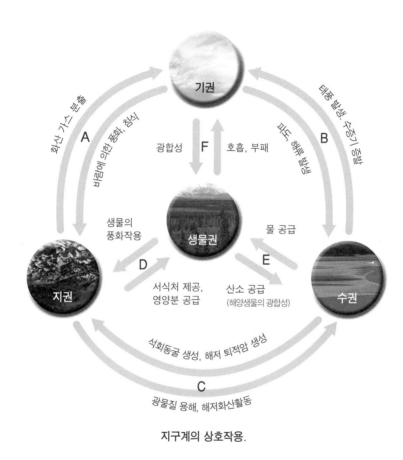

지권의 상호작용.

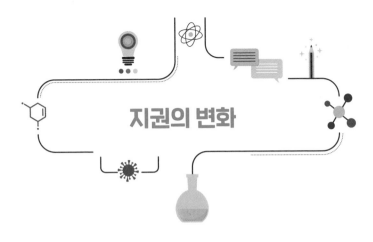

지권의 변화

　이 장에서는 우리가 생활하고 있는 기반(땅)이면서 지구 환경에서 가장 큰 부피를 차지하는 지권을 살펴볼 예정이다.

　지권은 변화가 가장 느리다. 오랜 시간에 걸쳐서 땅이 위로 솟아오르거나 바다 밑으로 가라앉기도 하고 지진이 일어나거나 거대한 산맥이 만들어지기도 한다. 이탈리아의 나폴리 만에 있는 세라피스 사원의 돌기둥은 지권의 변화 속도를 확인할 수 있는 좋은 예이다.

　세라피스 사원의 돌기둥에는 아래에서 6m 높이에 조개가 파 놓은 구멍이 있다. 이 구멍을 통해 돌기둥이 서 있는 땅이 바다 밑으로 가라앉았다가 다시 떠올랐음을 알 수 있다. 기원전 3세기경에 지어진 사원을 통해 이 땅은 약 2000년 동안 6m씩 상하운동을 한 것을 확인할 수 있다. 이처럼 지권의 변화는 느리게 일어나지만 그럼에도 불구하고 다른 영역에 가장 큰 영향을 미친다. 예로 화산 활동을 들 수 있다. 지구 내부 에너지에 의해 화산이 터지면 지권은 기권으로 물과 이산화 탄소를 공급한다.

지권은 생물체들이 살아가는 터전이기 때문에 지권의 변화는 생물의 멸종으로 이어지기도 한다. 또 지권의 물질은 생물체의 구성 성분이기도 하다. 바닷물이 짠 이유 또한 화산 가스나 암석에서 녹아 나오는 물질이 바다로 들어가기 때문이다.

이처럼 중요한 지권을 이루는 물질에 대해서 자세히 알아보자.

암석을 이루는 물질은 무엇일까?

땅은 무엇으로 이루어져 있을까? 단단한 돌인 암석과 암석이 풍화 작용을 받아 부서진 흙으로 이루어져 있다. 암석은 여러 가지의 알갱이가 모여서 굳은 것으로, 암석을 이루는 기본 알갱이를 광물이라고 한다.

그렇다면 광물은 무엇일까?

오른쪽 사진 속 다이아몬드처럼 일정한 성질을 가진 자연 상태의 물질을 광물이라고 한다. 금, 은이나 수정이라고도 부르는 석영과 자석의 힘을 가진 자철석 등 광물의 종류는 아주 다양하다. 지금까지 발견된 광물의 종류만 4900

산업용 등급의 노컷 다이아몬드.

가지가 넘는다고 한다.

이처럼 많은 광물은 어떻게 구별할 수 있을까? 이를 위한 연구에는 광물 고유의 여러 가지 물리적인 특성이 가장 많이 사용된다. 먼저 눈으로 보이는 겉보기색으로 광물을 구별할 수 있다. 감람석은 황록색, 장석은 흰색 또는 분홍색이다.

그럼 겉보기색이 비슷할 경우에는 어떻게 구별할까? 조흔판에 긁었을 때 나오는 광물 가루의 색인 조흔색을 이용하여 광물을 구별할 수 있다. 아래 표는 조흔색으로 구분 가능한 광물을 소개한 것이다.

광물	금	황동석	황철석	흑운모	자철석
색	노란색	노란색	노란색	검은색	검은색
조흔색	노란색	녹흑색	검은색	흰색	검은색

조흔색으로 구별되지 않는 경우에는 다른 특성을 이용한다. 광물이 가지는 독특한 결정형이나, 광물끼리 긁어보아서 단단한 정도를 비교하는 굳기, 충격을 받았을 때 쪼개지는 모양이나 깨지는 것 등을 살펴보면 어떤 광물인지 구별할 수 있다. 자철석은 자석과 반응하는 걸로 알 수 있고 방해석은 염산을 떨어뜨리면 거품이 일어난다.

독일의 지질학자 모스는 1812년에 광물의 단단한 정도를 서로 비교하여 모스 굳기계라는 기준을 만들었다. 주위에서 흔히 볼 수 있는 10가지 광물을 서로 긁어서 가장 무른 활석을 1로 하고 가장 단단한 금강석을 10으로 정했다. 그렇다면 굳기가 1인 활석보다 10인 금강석이 10배 단단한 것일까? 그런데 이 기준은 상대적인 굳기를 비교한 것일 뿐이며 실제로 금강석은 활석보다 400배 이상 더 단단하다.

모스 굳기계

굳기	1	2	3	4	5	6	7	8	9	10
광물	활석	석고	방해석	형석	인회석	정장석	석영	황옥	강옥	금강석

많은 광물 중에서 암석을 이루는 주된 광물을 조암 광물이라고 한다. 이 조암 광물은 산소와 규소를 공통적으로 포함한다.

조암 광물 중 가장 많은 부피비를 차지하는 것은 장석이며, 두 번째로

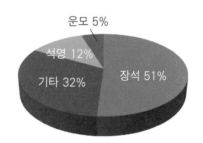

운모 5%
석영 12%
기타 32%
장석 51%

조암 광물의 부피비

석영

장석

흑운모

각섬석

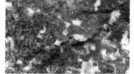

휘석

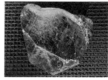

감람석

조암 광물.

많은 것은 석영이다.

철과 마그네슘을 많이 포함한 광물은 어두운 색을 띠고 철과 마그네슘을 포함하지 않은 광물은 밝은색을 띤다. 어두운 색 광물은 흑운모, 각섬석, 휘석, 감람석 등이고 밝은색 광물은 석영, 장석이다.

연필심은 흑연을 사용하고 반도체에는 규소를, 자동차 차체에는 철과 알루미늄, 시멘트의 원료로 방해석 등을 사용하는 등 광물은 우리 생활에 많이 이용된다.

암석의 종류에는 어떤 것이 있을까?

제주도에 가면 구멍이 숭숭 뚫린 검은 돌이 흔하며 설악산은 희끄무레한 바위가 산을 이룬 것을 볼 수 있다. 광물이 모여서 암석을 만들기 때문에 어떤 광물이 많은가에 따라 암석의 색과 성질이 달라진다. 그래서 암석도 다양한 종류가 있다.

암석은 생성 과정에 따라 화성암, 퇴적암, 변성암으로 분류한다.

화산 활동에 의해서 생기는 암석

지구의 내부는 뜨겁다. 그래서 암석이 녹아서 액체 상태로 존재한다. 그 액체를 마그마라고 한다. 이 마그마가 지표를 뚫고 밖으로 나와서 흐르는 것이 용암이다.

이 마그마가 굳어서 된 암석이 화성암이다. 화성암은 생성된 장소의 깊이에 따라 화산암과 심성암으로 구분한다.

화산암은 마그마가 지표나 그 부근에서 급히 냉각되어 굳어진 암석이고 심성암은 마그마가 지하 깊은 곳에서 서서히 냉각되어 굳어진 암석이다.

화성암의 종류와 위치.

화산암은 급하게 식어서 결정이 생길 시간이 부족하기 때문에 결정의 크기가 작고 심성암은 천천히 식으면서 굳어져 결정이 크다. 화성암의 색은 포함하는 광물의 종류에 따라 달라진다.

화성암을 결정의 크기와 색으로 분류하면 아래와 같다.

제주도는 화산 활동에 의해 생긴 섬으로 용암이 식어서 만들어진 화산암인 **현무암**을 많이 볼 수 있다. 그리고 설악산의 바위는 땅 속 깊은 곳에서 서서히 식어서 만들어진 **화강암**이 지각 변동에 의해서 땅 위로 드러난 것이다.

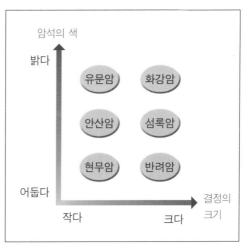

화성암 분류.

화석을 발견하려면 이 암석을 찾아라

화석을 찾고 싶은가? 그렇다면 퇴적암이 있는 곳을 찾아야 한다. 강물은 바다로 흘러가면서 자갈, 모래, 진흙 등을 함께 운반해간다. 이 퇴적물이 바다나 호수 밑에 쌓인 후에 다져지고 굳어져서 만들어진 암석이 퇴적암이다.

퇴적암은 알갱이의 크기나 색이 다른 층이 여러 겹으로 나타나는 데 쌓인 퇴적물의 크기와 종류에 따라 평행한 줄무늬가 나타난다. 이 줄무늬를 층리라 한다. 층리는 자연 환경의 변화로 인하여 지금까지 쌓였던 물질과는 다른 종류의 퇴적물이 쌓이면서 만들어진다.

퇴적물과 함께 생물의 유해가 묻히면서 굳어진 것이 화석이다. 화석은 과거에 살던 생물의 유해나 흔적을 말하며, 화석을 통해서 퇴적물이 쌓일 당시의 시대와 자연 환경을 추정할 수 있다.

예를 들면 공룡 뼈나 알, 공룡의 배설물, 공룡의 발자국, 공룡의 서식처까지 흔적이 남았다면 모두 화석이다.

석탄도 식물의 유해가 쌓여서 열과 압력을 받아 만들어진 암석이다. 이처럼 퇴적암은 어떤 퇴적물이 쌓였느냐에 따라 종류가 다양해진다.

퇴적암의 종류

퇴적물	퇴적암
자갈	역암
모래	사암
진흙	셰일
석회질 물질	석회암
화산재	응회암
소금	암염

열과 압력에 의해 성질이 변했다?

암석이 높은 열과 압력을 받으면 원래의 암석과는 성질이 전혀 다른 새로운 암석으로 변한다. 이렇게 성질이 변한 암석이 변성암이다. 화성암이나 퇴적암 그리고 다른 변성암이 지하 깊은 곳에서 열과 압력을 받아서 성질이 변하면 변성암이 된다.

암석이 열에 의해서 성질이 변하려면 약 200~700℃ 사이의 열을 받아야 한다. 그러나 700℃ 이상이 되면 암석이 녹아서 마그마가 되어버린다.

열에 의해 변성이 일어나는 경우는 마그마가 지층 사이로 뚫고 들어와서 기존의 암석과 접촉할 때이다. 이때 마그마의 열에 의해 암석의 일부가 녹았다가 다시 굳어진다.

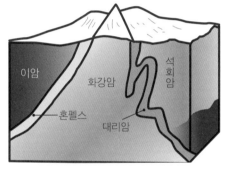

이암

화강암

석회암

혼펠스

대리암

변성암의 생성과정.

예를 들어 이암은 열을 받으면 혼펠스가 되는데 이때 훨씬 단단하고 치밀해진다. 그래서 옛날 사람들은 이 혼펠스를 이용하여 돌칼이나 화살촉을 만들었다.

하지만 암석이 변성 작용을 받을 때에는 대개 열과 압력을 동시에 받는다. 습곡 산맥이 만들어지는 등의 큰 지각 변동이 일어나는 곳에서는 암석이 열과 함께 높은 압력을 받게 된다. 암석이 높은 압력을 받으면 압력의 방향과 수직으로 광물결정이 눌리게 된다. 이때 나타나는 줄무늬를 **엽리**라고 한다. 편암, 편마암은 주로 압력에 의한 변성 작용을 받아서 엽리 구조가 발달되어 있는 변성암이다. 열을 받으면

편마암. 엽리

광물이 녹았다가 다시 굳어지면서 광물의 결정 크기가 커지는 **재결정 작용**이 일어난다. 열을 받아 변성된 암석에는 규암(사암이 변함), 혼펠스(이암이 변함), 대리암(석회암이 변함)이 있는데, 그중 대리암은 결정이 잘 발달되어 모양이 아름다워서 건축자재로 많이 사용된다.

암석은 끊임없이 변한다.

생성과정에 따라 화성암, 퇴적암, 변성암으로 나누지만 지각을 이루는 암석들은 처음 만들어진 상태 그대로 있지 않는다. 이 암석들은 환경의 변화에 따라 오랜 세월에 걸쳐서 끊임없이 다른 암석으로 변한다.

암석이 지표면으로 드러난 부분에서는 풍화작용이 일어난다. 암석이 오랜 시간 잘게 부서지고 성분이 변하는 현상이 **풍화**이다. 지표면에 있는 암석이 풍화되어 모래나 자갈, 흙으로 부서진다. 풍화를 일으키는 원인으로 물, 공기(산소), 생물 등이 작용한다.

바위의 틈에 물이 스며들면 이 물이 얼거나 녹으면서 바위의 틈이 벌어져 암석이 서서히 부서진다. 또는 지하수가 흐르면서 석회암을 녹여서 석회동굴이 만들어지기도 한다. 공기 중의 산소가 암석의 성분과 반응하여 암석을 변화시키기도 한다. 식물의 뿌리가 바위를 감싸고 있는 것을 본 적이 있는가? 식물이 뿌리를 내리면서 암석의 틈을 타고 들어가면 암석이 부서진다. 이렇게 풍화 작용으로 만들어지는 흙을 **토양**이라 한다.

암석이 풍화되면서 토양이 만들어지는 과정은 다음과 같다.

토양의 생성과정

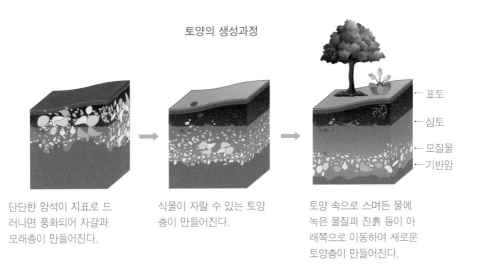

단단한 암석이 지표로 드러나면 풍화되어 자갈과 모래층이 만들어진다.

식물이 자랄 수 있는 토양층이 만들어진다.

토양 속으로 스며든 물에 녹은 물질과 진흙 등이 아래쪽으로 이동하여 새로운 토양층이 만들어진다.

단단한 암석(기반암)이 지표로 드러나면서 풍화되어 자갈과 모래층 (모질물)이 만들어진다. 자갈과 모래가 더 부서져서 생물이 자랄 수 있는 토양(표토)이 만들어진다. 토양으로 스며드는 물에 녹은 물질과 진흙이 아래로 이동하여 새로운 층(심토)이 만들어진다.

생성 순서는 기반암－모질물－표토－ 심토이지만 아래에서부터 쌓여있는 단면의 순서는 기반암－모질물－심토－표토이다.

이러한 토양은 생물들에게 삶의 터전이 되고 식물에게 영양분을 공급해준다.

마그마가 냉각되면 화성암이 되고, 이것이 물과 바람 등에 의해서 풍화 · 침식되어 퇴적물로 변한 후, 오랜 세월 동안 서서히 다져지고 굳어지면 퇴적암이 된다. 이 퇴적암이 지각 변동에 의해 땅 속으로 들어가서 높은 열과 압력을 받으면 변성암이 되고, 변성암이 지구 내부의 열에 의해 녹아 마그마가 되었다가 굳으면 화성암이 된다. 이런 식으로 암석은 태양 에너지와 지구 내부 에너지에 의해서 서로 순환한다.

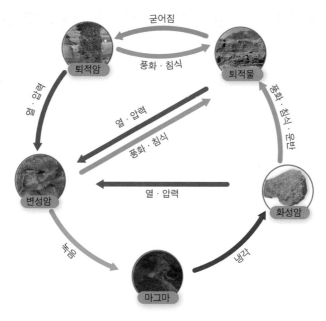

암석의 순환.

지구 내부는 계란같이 생겼다?

앞에서는 지구가 어떤 물질로 이루어졌는지 살펴보았다. 이제부터는 지구의 속 모습을 살펴보려고 한다.

사실 지구를 수박처럼 반으로 잘라 살펴볼 수 있다면 좋겠지만 그것은 불가능하다. 그렇다면 지구 내부를 조사할 수 있는 방법으로는 무엇이 있을까?

먼저 떠오르는 건 직접 땅을 파고 들어가는 거다. 땅을 파고 들어가는 방법을 시추법이라고 한다. 현재까지 대략 13km 파고 들어간 것이 최대라 하니 지구 반지름이 약 6400km인 것을 생각하면 시추법으로 지구 내부를 알아보는 건 불가능하다는 걸 알 수 있다.

우리가 파고들어갈 수 없다면 반대로 지구 내부에서 밖으로 나오는 걸 조사해볼 수 있다. 바로 화산이 폭발할 때 분출되는 화산 가스나 용암, 화산 쇄설물의 성분을 조사하는 것이다. 그러나 화산이 폭발하는 지역도 한계가 있고 폭발하면서 나오는 물질도 깊이 200km 이내의 암석들이기 때문에 이 방법으로도 전체를 알 수는 없다.

우리는 수박을 살 때 잘라보는 대신 두드려 그 소리로 익은 정도를 확인한다. 이와 비슷하게 지진파를 분석하여 지구 내부의 물질의 종류와 상태를 알아볼 수 있다. 지금으로선 가장 효과적인 방법이다.

지진파란 지진이 일어났을 때 발생하는 에너지의 진동을 말한다. 지진은 단층이나 마그마의 이동, 화산 폭발 등에 의해서 지구 내부에서 진동이 발생하여 땅이 흔들리는 현상이다.

이때 발생하는 지진파는 성질이 다른 물질에 부딪치면 반사되거나 굴절된다. 또한 통과하는 물질의 종류와 상태에 따라 전파 속도도 달라진다.

지진학으로 지구 내부를 살피는 연구는 1883년 영국의 과학자 밀른이 일본에서 여러 지진을 조사하면서 시작되었다. 그 후 인도 지질연구소의 올던이 여러 개의 지진 기록을 분석하여 먼저 도착하는 지진파를 P파^{primary wave}, 두 번째로 도착한 지진파를 S파^{secondary wave}라고 불렀다(P파 : 지진이 일어났을 때 먼저 도달하는 지진파로 매질의 진동 방향과 지진파의 진행 방향이 같다. 고체, 액체, 기체 상태의 물질을 모두 통과할 수 있다. S파 : P파보다 속도가 느리며, 매질의 진동 방향과 지진파의 진행 방향이 서로 직각이다. S파는 P파보다 전파 속도는 느리지만 진폭이 커서 피해가 크다. 고체 상태의 물질만 통과할 수 있다).

밀른과 올던의 연구 이후 전 세계에 지진관측소가 생기면서 지구 내부 구조를 밝히려는 연구가 활발히 진행되고 있다. 그리고 이 지진파의 도착 여부나 걸린 시간을 이용하여 어디서 지진이 일어났는지 알 수 있다.

이와 같은 **지진파 분석**을 통해 오른쪽 그림과 같은 결과를 얻게 되었다.

지진파가 지구 내부를 통과할 때 그 진행 방향이 꺾이거나 휘었으며 진앙으로부터 103°~142° 구간에서 P파와 S파가 모두 도달하지 않는 암영대가 나타났다. 이를 통해서 지구 내부가 여러 개의 층으로 되어 있음을 알 수 있었다. 142° 이상의 구간에서는 P파가 관측되지만 S파는 전혀 관측되지 않았기 때문에 중간에 액체로 된 층이 존재한다는 것도 알 수 있었다. 게다가 깊이에 따라 지진파의 속도가 급격히 변하는 구간을 발견하게 되어 이를 기준으로 지구 내부를 지각, 맨틀, 외핵, 내핵으로 구분했다.

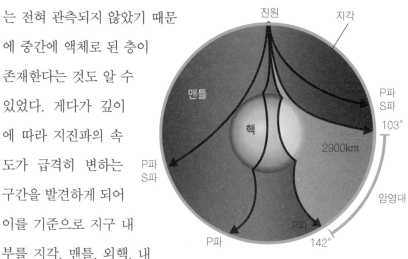

지각은 단단한 암석으로 되어 있는 지구의 겉부분으로, 지구 전체 부피의 약 1% 미만을 차지하며 대륙 지각과 해양 지각으로 구성된다.

대륙 지각은 평균 두께가 약 35km로, 해양 지각보다 두껍고 주로 화강암질 암석으로 구성되어 있다.

해양 지각은 평균 두께가 약 5km 정도로 대륙 지각에 비해 얇고 주로 현무암질 암석으로 구성되어 있다.

과학자 모호로비치치는 지각과 맨틀의 경계면에서 지진파의 속도가 갑자기 빨라진다는 것을 발견했다.

그래서 이 경계면을 **모호로비치치 불연속면**, 일명 **모호면**이라고 한다.

2900km 지점에서 P파의 속력이 감소하고 S파가 사라지는 경계면

은 구텐베르크가 발견하여 구텐베르크 불연속면이라고 하며, 5100km
에서 다시 P파의 속력이 증가하는 면은 코펜하겐연구소의 레만이 제
안하면서 레만 불연속면이라고 한다.

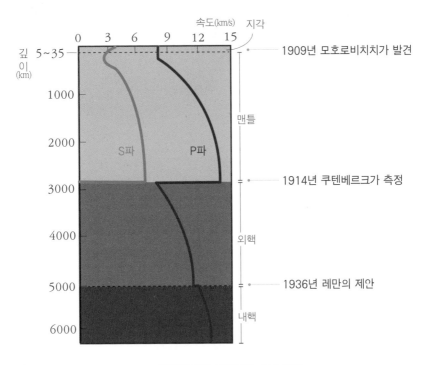

깊이에 따른 지진파의 속도 분포.

맨틀은 지구 내부 전체 부피의 80%를 차지하며 지각보다 무거운 감
람암질로 구성된, 유동성이 있는 고체 상태이다.

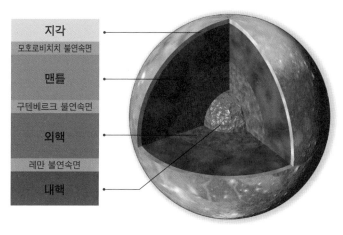

지각
모호로비치치 불연속면
맨틀
구텐베르크 불연속면
외핵
레만 불연속면
내핵

지구의 내부 구조.

맨틀은 상하의 온도 차이가 커서 오랜 시간에 걸쳐 대류운동이 일어난다. 이 맨틀의 대류 운동은 지구 내부에서 발생한 열을 지구 전체로 고르게 전달한다.

S파가 통과하지 못하는 부분은 핵으로, 핵은 P파의 속도 변화를 기준으로 외핵과 내핵으로 나뉜다.

외핵은 S파가 통과하지 못하므로 액체 상태로 추정된다. 외핵은 액체 상태이므로 대류현상이 일어나서 움직이게 된다. 외핵의 구성성분인 철은 도체라서 외핵이 움직일 때 전류가 발생하여 지구의 자기장이 만들어지는 것으로 추측되고 있다.

내핵은 지구 내부 구조 중에서 압력과 온도, 밀도가 가장 높은 곳으로 고체 상태로 추정된다. 핵은 철과 니켈 등의 물질로 구성된다.

옛날엔 대륙이 하나였다?

1912년 독일의 과학자 베게너는 약 3억 년 전에는 대륙이 한 덩어리였다가 이동하여 현재 모습이 되었다는 대륙 이동설을 주장했다.

그는 세계 지도를 보면서 대륙 간의 해안선 모양이 비슷함을 발견했다. 특히 대서양을 사이에 둔 남아메리카 대륙과 아프리카 대륙의 해안선이 거의 일치하는 것을 보고 의문을 가진 채 여러 지역을 돌아다니며 지질구조를 조사해 대륙 간의 빙하의 분포와 이동 방향이 일치한다는 사실을 알게 되었다. 또한 글로소프테리스 같은 식물 화석이나 메조사우르스 같은 동물 화석이 멀리 떨어진 대륙에서 발견되고 바다

고생대   중생대

현대

대륙 이동설.

를 사이에 두고 떨어져 있는 두 대륙의 지질 구조가 동일한 특징을 보이는 것을 보고 대륙이 움직였다고 생각했다. 하지만 그의 주장은 대륙을 이동시키는 힘을 설명할 수 없었기에 당시 학자들에게 인정받지 못했다. 그 후 홈스라는 과학자가 맨틀 대류설을 주장함으로 베게너의 대륙 이동설이 힘을 얻게 되었다.

지구 내부로 들어갈수록 온도가 상승하므로 맨틀의 상부와 하부 사이에 온도 차이가 생긴다. 온도가 높은 물질이 상대적으로 밀도가 작아지므로 하부가 위로 올라오고 상부가 아래로 내려가면서 매우 느린 속도로 맨틀의 대류가 일어난다. 맨틀 대류설은 맨틀 위에 떠 있는 지각은 맨틀의 움직임에 따라 움직이게 되어 대류이 이동한다는 학설이다.

맨틀은 고체인데 어떻게 이런 일이 가능할까? 이는 맨틀이 점성을 가진 유동성 있는 고체 상태이기 때문이다. 대신 아주 천천히 움직인다.

맨틀의 대류가 상승하는 곳에 있는 대류은 맨틀이 상승하여 양쪽으로 이동하면, 그 위에 있는 대류도 분리되어 양쪽으로 이동한다. 그 사이로 새로운 지각이 생성된다. 맨틀의 대류가 하강하는 부분에서는 지각이 맨틀 속으로 들어가 해구가 생긴다.

헤스와 디츠는 해령에서 멀어질수록 해양 지각의 나이가 많아지고 퇴적물의 두께가 두꺼워지는 현상을 조사했다. 그들은 해령의 정상부에 V자 모양의 골짜기가 발달하고 해령의 축에 수직으로 변환단층이 발달한 것을 확인했다.

미국의 과학자인 헤스와 디츠는 해령에서 분출한 고온의 맨틀 물질이 식어서 새로운 해양 지각이 형성되고, 새로운 지각이 형성되면서 오래된 지각을 양쪽으로 밀어내어 해저가 확장된다는 의견을 내놓았다. 이것이 해저 확장설이다.

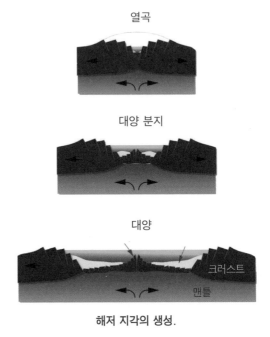

열곡

대양 분지

대양

크러스트

맨틀

해저 지각의 생성.

판의 경계와 지각 변동

이러한 학설을 바탕으로 판 구조론이 등장한다.

판 구조론은 지구의 겉부분이 크고 작은 여러 개의 판으로 이루어져 있고 이 판들이 맨틀 대류에 의해 이동함에 따라 지진, 화산 활동, 조산 운동 등의 지각 변동이 일어난다는 학설이다(판은 지각과 상부 맨틀의 일부를 포함하는 두께 약 100km정도의 암석권을 말한다).

바로 이 판의 경계에서 일어나는 화산 활동, 지진 활동, 조산 운동 등의 지각 변동으로 인해 단층이나 습곡 산맥 등이 생긴다.

판들이 움직이다가 서로 충돌하는 경계 부근에서는 암석이 충격을 받아 지진이 일어난다. 지진은 지구 내부 에너지가 방출되면서 일어나는 급격한 변동으로 땅이 갈라지거나 흔들리는 현상이다. 지진의 세기는 진도와 규모로 나타낸다(진도: 지진이 일어났을 때 흔들림이나 피해 정도를 나타낸 값. 규모: 지진이 발생한 지점에서 방출된 에너지 양).

판의 경계, 즉 맨틀이 상승하거나 하강하는 부분에서 지구 내부의 축적된 열이 빠져나오는 현상인 화산 활동이 일어난다(예:일본). 지하의 마그마가 지표로 분출하는 화산 활동으로 만들어지는 산이 화산이다. 지진이 자주 발생하는 지역을 지진대라고 하고 화산 활동이 자주 발생하는 지역을 화산대라고 한다. 화산 활동이 활발하게 일어나는 지역은 대서양의 중앙해령이나 환태평양 지역이다. 지진대와 화산대는

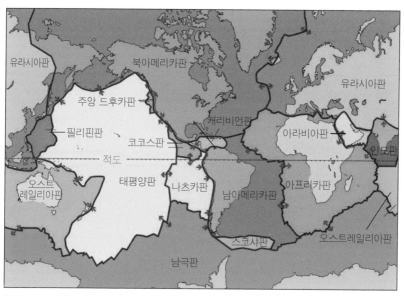

화살표를 보면 판의 움직임을 알 수 있다.

띠 모양을 이루는데 판의 경계와 대체로 일치한다. 판이 이동하기 때문에 판의 경계에서는 지각의 움직임이 활발해서 지진이나 화산 활동이 자주 일어나게 된다. 두 판이 충돌하여 한쪽 판이 지구 내부로 끌려 들어가면 다른 쪽 판이 올라가면서 조산 운동이 일어나 습곡 산맥이 형성된다(히말라야 산맥).

환태평양 화산대는 여러 판의 경계에 위치하고 있어서 지진과 화산 활동이 끊임없이 일어난다. 그래서 불의 고리라고도 부르는 데 현재 전 세계의 활동화산 중 약 70~80%가 여기에 집중되어 있다.

일본은 유라시아판과 필리핀판, 태평양판, 북아메리카판이 서로 만나는 지점에 있어서 지진이 잦을 수밖에 없다. 그리고 인도판과 유라시아판이 만나는 지점에 히말라야 산맥이 위치한다. 히말라야 산맥은 갈수록 점점 더 높아지고 있다.

지구 자기장

하지만 이러한 이론들은 대륙이 이동했다는 직접적인 증거가 되지는 못한다. 단지 대륙이 이동할 수 있다고 생각하게 만들어줄 뿐이다. 그래서 과학자들은 지구의 자기장에 의해 나타나는 '지구 자기력선'을 연구하기 시작했다. 지구는 하나의 자석처럼 자성을 가지고 있다. 이를 **지구 자기**라고 한다. 자석이나 나침반의 N극이 항상 지구의 북쪽을 향하는 이유이다.

지구의 북쪽이 S극이고 지구의 남쪽이 N극인데 지구의 자북은 북극과 일치하지는 않는다. 지구 자기가 영향을 미치는 영역을 **지구 자기장**이라 하는데 지구 자기장은 나침반을 잡아당기는 것 외에도 지구에 사는 모든 생명체의 보호막 역할을 한다. 우주로부터 날아오는 고에너지 입자들을 막는 방패 역할을 하기 때문이다.

태양에서 방출된 고에너지 입자들 중 대부분은 지구 자기장에 막혀 우주로 튕겨나가고 일부가 지구 자기장을 따라 극지방으로 들어오면서 공기 입자와 반응하여 빛을 내는 현상이 오로라이다. 오로라는 지구가 태양풍을 방어하는 모습을 보여주는 현상이다.

지구 자기장은 조금씩 변화하기 때문에 자북의 위치도 조금씩 변한다. 암석에는 마치 화석처럼 과거의 지구 자기장의 방향이 보존되어 있다. 이렇게 옛날 지구의 자기장의 방향과 세기를 간직하는 것을 '고지구 자기'라고 하는 데 이 고지구 자기는 그 당시 대륙의 위치를 알 수 있는 기준선의 역할을 한다. 따라서 암석에 보존된 고지구 자기의 방향을 현재의 자기력선 방향과 비교하면 대륙이 현재 얼마만큼 이동했는지 알아낼 수 있다.

이렇듯 지구는 끊임없이 움직이고 변화한다.

수권의 구성과 순환

지구상의 물

우주에서 지구를 바라보면 파랗게 물로 덮인 모습을 볼 수 있다. 지구 표면을 덮고 있는 물이 수권이다.

물은 지구 표면의 약 71%를 차지한다. 그중 바닷물이 97.47%, 빙하와 얼음이 약 1.76%를 차지하며 지하수가 약 0.76%, 강과 호수가 약 0.01%를 차지한다. 구름이나 비, 눈 등의 기상 현상을 일으키는 대기 중

아폴로 17호가 1972년 12월 찍은 지구의 모습. 푸른 대리석으로 알려져 있다.

의 수증기는 약 0.001%로 그 양이 적다.

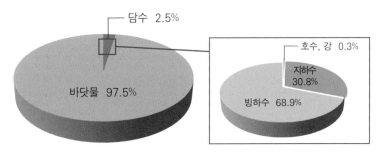

담수 2.5%

바닷물 97.5%

호수, 강 0.3%

지하수 30.8%

빙하수 68.9%

지구상의 물 분포.

물이 있음으로 지구상에 생명체가 살 수 있다. 물은 생명체의 몸을 구성하는 물질이며, 생명체의 물질대사와 여러 화학 변화를 일으켜 생명 유지 활동에 필요한 에너지를 만든다. 또한 물은 순환하면서 위도에 따라 불균형하게 받은 태양 에너지를 지구 전체에 고르게 나눠주어 지구 전체의 에너지 평형을 이루게 한다. 지표를 흐르는 물은 침식 작용을 일으켜 지형을 변화시키며 대기에 수증기를 공급하여 날씨 변화를 일으키고 기후를 형성한다.

이렇듯 지구상에서 물의 역할은 아주 중요하고 다양하다. 그렇다면 물은 어디에서 오는 것일까?

놀랍게도 지구와 생명체를 유지시키는 물은 없어지거나 새로 만들어지지 않고 옛날부터 지구 내에서만 끊임없이 순환하고 있다. 그럼에도 물 부족에 대한 이야기가 들리는 이유는 왜일까? 지구 표면의 약

71%나 차지하는 물을 왜 부족하다고 하는 것일까?

육지의 물은 대부분 빙하 상태로 존재한다. 우리가 사용하는 물은 지하수 및 강과 호수 등에서 공급받아 식수나 농업용수, 공업용수로 이용된다. 사람이 살아가는 데 쓰이는 물을 수자원이라 한다. 수자원으로서 가치가 높은 물은 땅속을 흐르는 지하수이다. 그렇다면 왜 97.47%나 차지하는 바닷물을 사용하지 않는 걸까?

바다는 해류를 이용한 교통로의 역할뿐만 아니라 소금, 각종 해산물 등의 귀중한 식량을 얻을 수 있고 망간, 단괴 등의 여러 가지 광물 자원을 제공한다. 이와 같은 자원 때문에 국가 간에는 바다로 둘러싼 영토분쟁이 일어나곤 한다.

이처럼 귀중한 자원이 되는 바다지만 바닷물의 성질상 식수나 공업, 농업 용수로 사용할 수는 없다. 산업이 발달하면서 필요한 물의 양은 점점 늘어나고 있다. 하지만 바로 쓸 수 있는 물의 양은 정해져 있다. 그래서 담수가 부족한 지역에서는 바닷물에서 짠맛을 제거하여 사용하기도 하고 고산지대에서는 빙하가 녹은 물을 사용하기도 한다. 우리는 물 없이는 살 수 없기 때문에 이러한 수자원의 개발도 중요하지만 물을 절약하고 물의 오염을 방지하는 노력도 함께 이루어져야 한다. 최근에는 바닷물을 사용할 수 있는 기술을 개발 중에 있다.

먹기엔 너무 짠 바닷물

망망대해에서 표류하는 배 안의 사람들이 목말라서 괴로워하는 장면을 본 기억이 있을 것이다. 왜 사방이 다 물인데 마시지 못할까? 그건 바닷물에 녹아 있는 **염류** 때문이다. 바닷물을 그대로 마셨다가는 오히려 더 갈증이 심해져서 탈수가 일어나 위험한 상태에 빠지게 된다. 따라서 바닷물을 마시려면 증발시켜서 염류를 제거한 후에 수증기를 다시 물로 바꾸어야 한다.

염류란 바닷물 속에 녹아 있는 여러 가지 물질을 통틀어 의미한다. 일단 바닷물의 짠맛을 내는 염화 나트륨이 가장 많고, 쓴맛을 내는 염화 마그네슘 외에도 황산 마그네슘, 황산 칼슘 등이 있다.

나트륨, 마그네슘, 칼륨, 칼슘 등 지표와 바닷물에 공통적으로 포함된 원소들은 지각의 물질이 강물에 녹아 바다로 온 것이고, 바닷물에만 포함된 염소, 황 등은 해저의 화산 활동에 의해 분출된 분출물이 바닷물에 녹은 것이다. 또 산소와 이산화 탄소는 공기 중에서 바닷물로 녹아 들어간다. 이러한 성분들이 바닷물의 염류를 이루고 있다.

바닷물 1kg에 녹아 있는 전체 염류의 양을 g수로 나타낸 것이 **염분**이다. 염분은 지역과 계절에 따라 다르게 나타난다. 전체 해수의 평균 염분을 구하면 약 35psu(실용 염분 단위)이다.

염분이 달라지는 요인은 강수량과 증발량, 강물의 유입량, 해수의 결빙 등이다.

증발량보다 강수량이 많은 적도 지역은 염분이 낮고, 강수량보다 증발량이 많은 중위도 지역에서는 염분이 높게 나타난다(홍해 41‰). 또한 극지방은 눈이 많이 내리고 빙하가 녹기 때문에 염분이 낮다. 큰

강이 흘러드는 대륙 주변의 바다 역시 염분이 낮다. 겨울이 되어 바닷물이 얼게 되면 거의 순수한 물만 얼게 되므로 주변 바다의 염분은 높아진다.

염분이 높은 바다에서 해수욕을 하게 되면 아래 사진처럼 몸이 둥실 뜬다. 사해에서는 누운 상태로 책을 볼 수 있을 정도이다.

이처럼 계절과 지역에 따라 염분은 다르지만 각 염류들이 차지하고 있는 질량비는 항상 일정하다.

이것은 염분비 일정의 법칙으로 영국군함 챌린저호가 1872년에서 1876년까지 전 세계 대양의 77개 해역에서 조사한 바닷물 표본을 분석한 결과 알아낸 사실이다.

염분비 일정의 법칙이 어떻게 성립할 수 있을까?

바닷물은 끊임없이 움직이며 섞인다. 그러다 보니 바닷물 속에 염류

사해의 염분은 그 어떤 바다의 염분보다도 높으며 사람이 누우면 둥실 떠다닐 정도이다.

가 골고루 섞이게 된다. 이는 용액 속에 용질이 녹을 때 시간이 지나면 균일하게 섞이는 성질과 관련이 있다. 그래서 바닷물에 녹아 있는 염류 중 어느 한 가지 양만 측정하면 다른 모든 염류의 양은 비례하므로 염분비 일정의 법칙을 이용하여 염분을 구할 수 있다.

우리나라의 경우 육지에서 바다로 갈수록 염분이 높고, 강수량이 적은 겨울철이 여름철에 비해 염분이 높다. 지역으로 보면 육지로부터 유입되는 강물의 양이 황해가 동해보다 많기 때문에 황해의 염분이 더 낮게 나타난다. 하지만 황해와 동해의 염류들 간의 상대적인 비율은 서로 같다.

바닷속에도 산맥이 있다?

바닷속은 어떻게 생겼을까? 해저 지형이 궁금하다면 음향측심법을 이용해 살펴보면 된다. 음향측심법은 음파의 속도를 이용하여 수심을 측정하는 방법으로 바닷속의 지형 모양을 알 수 있다.

해저 지형도 육지와 같이 산맥과 골짜기 등 다양한 지형이 나타난다.

해령은 해저산맥으로 마그마가 분출되면서 새로운 지각이 형성되는 지역이다. 판의 경계에서 발달하며 대표적인 해령으로는 대서양의 중앙해령이 있다.

해구는 해양 지각이 대륙 지각의 아래로 들어가면서 생기는 골짜기로, 지진과 화산 활동이 활발하게 일어난다. 대표적인 해구로는 마리아나 해구가 있다.

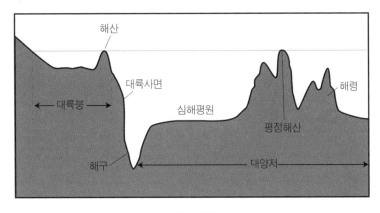

해저 지형.

해령: 해저 산맥
해구: 수심이 6km이상인 골짜기
해산: 해저에 솟은 산
평정해산: 정상부분이 평평한 해산.
대륙붕: 수심이 얕고 경사가 완만한 지형
대륙사면: 경사가 급해지며 수심이 깊어지는 지형
심해평원: 해저 면적의 75%를 차지하는 평평한 지형

바닷물의 온도를 재어보자

여름하면 시원한 바다를 떠올린다. 그러면 어느 바다로 가야 시원할까? 동해나 서해의 바닷물 온도는 같을까? 바닷물의 온도는 어디서나 일정할까? 바닷물은 태양열을 받아 따뜻해진다. 그래서 바닷물의 표면 온도는 저위도 지방이 태양 복사 에너지를 많이 받기 때문에 높고, 고위도 지방으로 갈수록 태양의 고도가 낮아져서 태양 복사 에너지의 양이 줄어들어 수온이 낮아진다. 같은 지역이라도 밤과 낮에 따라 온도가 달라진다. 게다가 같은 위치라도 바다의 깊이에 따라 온

도가 달라진다. 태양열을 받는 정도가 달라지기 때문이다. 깊이에 따라 수온이 달라지기 때문에 수온의 변화에 따라 수온이 높은 혼합층, 깊이에 따라 수온이 급격히 변하는 수온 약층, 수온이 낮은 심해층으로 구분한다.

계절에 따라서도 해수의 연직 수온 분포가 달라진다. 바람이 강한 봄, 가을철에는 혼합층이 두꺼워지고 햇빛을 많이 받는 여름철에는 표층과 심층의 온도차가 커져서 수온 약층이 두꺼워진다. 또 태양 복사 에너지를 얼마만큼 받느냐에 따라서 바닷물의 온도는 달라진다.

이렇게 바닷물이 깊이에 따라 달라지는 온도 차이를 이용하여 전기를 얻을 수 있다. 이를 해양 온도 차 발전이라고 하는데 신재생에너지

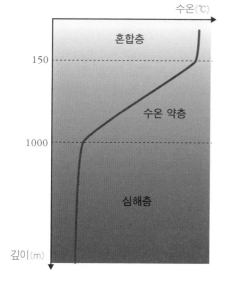

혼합층	태양 복사 에너지에 의해 가열, 바람에 의해 혼합. 수온이 높고 깊이에 따른 수온 변화가 거의 없다.
수온 약층	깊이 들어갈수록 태양 복사 에너지를 적게 받음. 수온이 급격하게 낮아진다. 안정된 층으로 혼합층과 심해층 사이의 열과 물질 교환을 차단.
심해층	태양 복사 에너지가 도달하지 못함. 깊이에 따른 수온 변화가 거의 없으며 수온이 낮다.

수온의 연직 분포 그래프.

중 하나다. 신재생에너지는 재생이 가능한 에너지를 변환하여 이용하는 에너지를 말한다.

　바닷물은 열을 많이 가지고 있기 때문에 수온이 조금만 변해도 대기에 미치는 영향이 크다. 수온이 높아지면 증발하는 수증기량이 많아져서 구름이 많이 생기고 기상이변이 일어난다. 적도 부근 동태평양의 수온이 높아지면 동남아시아, 인도, 호주에서 폭염과 가뭄이 나타나고 중남미에서는 폭우와 홍수가 발생하기도 한다. 동태평양의 수온이 비정상적으로 높아지는 것을 '엘니뇨'라고 하는데 엘니뇨가 발생하면 우리나라도 겨울철에 폭설이 내리고 이상고온 현상이 생기기도 한다.

　'엘니뇨'와 반대로 동태평양의 수온이 비정상적으로 낮아지는 것을 '라니냐'라고 한다. 라니냐가 발생하면 이상기후가 나타나는데 우리나

엘리뇨 결과 기상이변.

라는 겨울에 눈과 비는 적게 오고 기습 한파가 닥칠 수 있다. 최근에는 지구 온난화의 영향으로 슈퍼엘니뇨가 나타나면서 라니냐의 발생은 급격히 줄어들고 있다. 기상이변뿐 아니라 바다의 수온이 올라가면 어패류가 떼죽음을 당하기도 한다. 지구 온난화로 인해 전 세계 바다의 수온이 올라가면서 어획량도 줄고 물새들도 많이 사라진데다 북극의 많은 동물들이 생활터전을 잃고 죽어가고 있다.

바닷물은 어떻게 움직일까?

우리나라의 겨울 기온을 살펴보면 동해안이 서해안보다 따뜻하다. 같은 바다인데 왜 다를까? 그것은 동해안과 서해안을 지나는 해류의 성질이 다르기 때문이다. 바닷물이 지속적으로 부는 바람의 영향으로 강물처럼 일정한 방향으로 흐르는 것을 해류라고 한다.

표층 해류는 주로 바람의 영향을 받아 움직이고 아래·위 방향의 해류는 염분과 수온의 변화에 따른 밀도 차이의 영향을 받는다. 염분이 많고 온도가 낮은 물은 밀도가 커져서 아래로 움직이고 염분이 적고 온도가 높은 물은 위로 움직인다.

위도 차이에 따라서도 해류가 흐르는 방향이 달라지는 데 고위도 지방의 차가운 바닷물이 저위도 지방으로 흐르는 것을 한류, 저위도 지방의 따뜻한 바닷물이 고위도 지방으로 흐르는 것을 난류라고 한다.

난류는 해안 지방의 날씨에 영향을 미친다. 예를 들어 영국의 겨울철이 우리나라보다 따뜻한 이유는 난류인 북대서양 해류의 영향을 받기 때문이다.

우리나라에서도 겨울철에 같은 위도의 동해안이 서해안보다 따뜻하다. 이는 동해안이 동한 난류의 영향을 받기 때문이다.

해류는 저위도의 남는 에너지를 고위도 지방으로 옮기는 역할을 한다.

해류는 대기 대순환의 바람에 의해 발생하기 때문에 전 세계 해류의 순환 모습은 대기 대순환과 비슷하게 나타난다. 적도를 경계로 북반구와 남반구가 대칭적인 분포를 보이며 북반구에서는 시계 방향, 남반구에서는 시계 반대 방향으로 흐른다. 또 대륙에 의해 흐름이 막힌 곳에서는 남북 방향으로 해류가 움직인다.

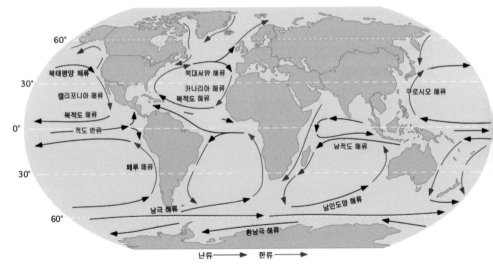

세계의 표층 해류 흐름도.

우리나라 주변의 해류는 어떻게 흐를까?

황해에는 쿠로시오 해류로부터 갈라져서 오는 황해 난류가 흐른다. 쿠로시오 해류는 적도 부근에서 시작하여 우리나라까지 오는 난류로 염분이 높고 산소가 적어서 색이 깊고 검게 보이기 때문에 흑조라고도 한다. 동해에는 쿠로시오 해류로부터 갈라진 동한 난류와 연해주 한류에서 갈라진 북한 한류가 흐른다. 동해의 원산만 부근은 난류와 한류가 만나는 곳으로, 영양 염류와 플랑크톤이 많아 좋은 어장이 형성되는 데 이를 조경 수역이라고 한다. 동해의 조경 수역은 동한 난류의 세력이 강한 여름에는 북쪽으로 이동하고 북한 한류의 세력이 강한 겨울에는 남쪽으로 이동한다.

해류를 따라 바닷길이 형성되어 배들이 다니기 쉽기 때문에 목포에서 요트를 타고 인천을 가려면 황해 난류를 이용하면 된다.

바람에 의하여 바닷물이 출렁이는 현상은 파도라고 부른

우리나라 주변의 해류.

다. 집어 삼킬 듯한 물살 아래로 보드를 타고 지나가는 서퍼들이 타는 것이 이 파도이다. 파도는 파동의 일종이다.

가장 높은 지점인 골에서 가장 낮은 지점인 마루까지의 높이를 파고, 골에서 다음 골까지나 마루에서 다음 마루까지의 거리를 파장이라고 한다.

파도의 종류는 먼 바다에서 여러 방향의 해파가 겹쳐서 마루가 뾰족한 모양을 하는 **풍랑**, 풍랑이 해안으로 전파되면서 꼭대기가 완만한 모양을 그리는 너울 그리고 너울이 해안으로 접근하여 파고가 높아진 모양의 쇄파, 이 세 가지가 있다.

서해안으로 바다를 보러 갈 때는 시간을 잘 맞춰야 한다. 그렇지 않으면 넓은 갯벌과 저 멀리서 출렁이는 바닷물만 보다 올 수도 있다.

왜 바닷물은 하루에 두 번씩 밀려들어왔다가 밀려나갈까?

갯벌에서 조개나 굴을 캘 때는 물때를 잘 맞춰야 한다. 물때는 밀물과 썰물이 들어오고 나가는 때를 말한다.

밀물이 들어오면 해수면의 높이가 높아지고 썰물이 되면 해수면의 높이가 낮아지는데 이렇게 바닷물이 하루에 두 번씩 주기적으로 높아졌다 낮아졌다 하는 현상을 조석 현상이라고 한다.

조석 현상에 의해
썰물로 배가 드러난
모습.

조석 현상은 달과 태양의 인력으로 일어나는데, 그중에서도 달의 인력 때문에 바닷물이 달쪽으로 끌어당겨지면서 생긴다.

이때, 달을 향한 쪽 해수면이 높아지면서 밀물이 된다. 달과 먼 지구의 반대편은 달의 인력이 작아지지만 지구의 자전과 공전으로 생기는 원심력이 작용해서 밀물이 된다. 달과 일직선상에 있는 해수면이 밀물이 되면서 다른 쪽은 썰물이 된다. 그런데 지구가 하루에 한 번 자전을 하면서 달의 인력을 받는 부분이 달라져 밀물과 썰물이 하루에 두 번씩 일어난다.

태양과 달이 일직선상에 위치하는 그믐달과 보름달일 때 해수면의 높이 변화가 크게 나타나며 이때를 사리라고 한다.

태양과 달이 직각으로 위치하는 상현달과 하현달일 때는 해수면의 높이 변화가 작게 나타나며 이때를 조금이라고 한다.

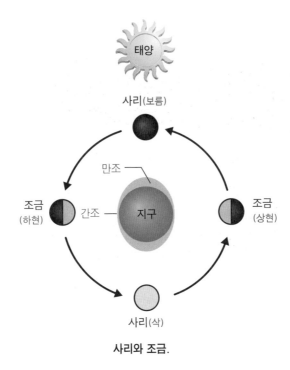

사리와 조금.

달이 만드는 지구의 밀물과 썰물이지만 밀물일 때 작용하는 힘이 달의 공전에도 영향을 주면서 달은 지구에서 점점 멀어져간다.

그런데 달이 매년 지구로부터 조금씩 멀어지면서 조석 현상을 일으키는 힘도 조금씩 약해지고 있다.

바닷물이 해안 쪽으로 밀려들어와 해수면이 가장 높아질 때를 만조, 바닷물이 바다 쪽으로 밀려나가 해수면이 가장 낮아질 때를 간조라고 하는데 만조와 간조의 시간과 해수면의 높이를 날짜별로 정리한 것이 물때표이다. 만조와 간조 때의 해수면 높이는 매일 조금씩 달라지는데 만조와 간조 때의 해수면의 높이 차를 **조차**라고 한다. 이 조차를 이용하여 전기 에너지를 얻는 것이 **조력 발전**이다. 약 12시간 간격으로 2번의 만조와 간조가 있는데 밀물일 때 들어온 물이 썰물일 때 터빈을 설치한 수로를 통하여 빠지면서 터빈을 돌려 전기를 만든다.

조석 현상에 의하여 생기는 수평적인 바닷물의 흐름은 **조류**라고 한다.

조류의 흐름은 넓은 해양에서는 그 흐름이 눈에 띄지 않을 정도이지만 해안 가까이의 얕은 바다나 좁은 해협에서는 빠르게 나타난다. 우리나라 서해안은 조차가 크고 해안선의 굴곡이 심하기 때문에 조류를 이용하여 조력 발전을 하기에 좋은 조건이다.

세계에서 한 손가락에 드는 위대한 해전이라 불리는 이순신 장군의 '명량 해전'도 명량해협의 지형과 시간에 따른 조류의 변화를 이용한 해전이다. 명량해협(울돌목)은 좁아서 조류가 우리나라에서 가장 빠른 곳이다.

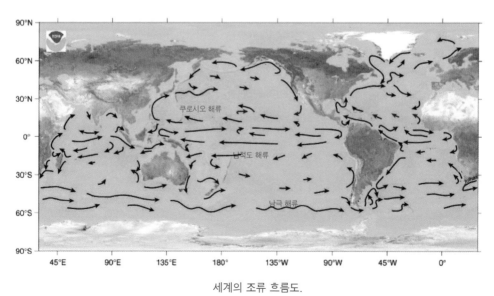

세계의 조류 흐름도.

기권과 우리 생활

지구의 하늘은 파랗다

하늘이 파랗게 보이는 이유는 지구를 둘러싼 공기층에 의해 빛이 산란되기 때문이다. 대기가 없는 달에서는 하늘이 까맣게 보인다. 지구를 둘러싸고 있는 공기의 층을 대기권이라고 하는데 대기권은 지표면에서 약 1000km까지를 말한다. 대부분의 대기는 지표 부근에 밀집해 있고 높아질수록 공기의 양이 적어진다. 지구의 중력에 의해 공기가 붙잡혀 있기 때문이다. 보통 지상 15km 높이 이내에 전체 공기의 75%가 분포되어 있고 32km 이내에 전체 공기의 99%가 분포되어 있어 올라갈수록 공기가 희박하다.

대기의 78%는 질소, 약 21%는 산소이며 이산화 탄소, 아르곤, 수증기 등이 1%를 차지한다.

지구의 대기권은 생명체에게 산소를 공급하고 온실 효과를 통해서 지구의 온도를 일정하게 유지하며 태양으로부터 오는 해로운 자외선을 차단하는 역할을 한다. 또 저위도의 에너지를 고위도로 운반하며 운석 등으로부터 지구를 보호한다.

그렇다면 태양으로부터 오는 태양 복사 에너지를 지구가 흡수하기만 했을 때 지구는 어떻게 될까?

지구의 온도는 계속해서 올라가 뜨거워질 것이다. 반대로 태양 복사 에너지를 모두 방출해버린다면 지구의 평균온도는 영하로 떨어질 것이다.

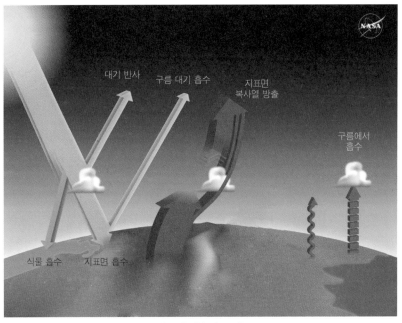

지구의 열수지 그림.

다행스럽게도 지구는 태양 복사 에너지를 흡수하고 같은 양의 지구 복사 에너지를 방출하기 때문에 온도를 일정하게 유지한다.

복사 에너지는 물체의 표면에서 방출되는 에너지로 모든 물체가 방출하는 에너지이다. 온도가 높은 물체일수록 복사 에너지를 많이 방출한다. 물체가 방출하는 복사 에너지를 열화상 카메라로 찍으면 온도에 따라 다양한 색을 볼 수 있다. 지구처럼 물체가 흡수하는 복사 에너지와 방출하는 복사 에너지의 양이 같아서 온도가 일정하게 유지되는 것을 **복사 평형**이라고 한다.

지구는 연평균 기온이 약 15℃로 일정하게 유지되어왔다. 그런데 최근에는 지구의 평균 기온이 올라가고 있다.

대기에 존재하는 온실 기체가 지표면에서 방출하는 지구 복사 에너지를 흡수하여 지구의 평균 온도가 높아지는 현상을 **온실 효과**라고 한다. 최근 이 온실 효과를 일으키는 온실 기체가 많아져서 **지구 온난화 현상**이 일어나고 있다. 인간이 산업활동에 화석연료를 많이 사용하면서 온실 기체인 이산화 탄소가 급격히 증가하고 있기 때문이다.

지구 온난화가 일어나면서 해수면이 상승하고 육지 면적이 줄어들면서 생태계에 변화가 일어나고 있다. 집중 호우나 홍수, 가뭄 등 기상 이변이 일어나면서 멸종하는 생물들이 생겨났다. 현재 지구 온난화를 방지하기 위해 국제 사회에서는 온실가스를 줄이기 위한 협약을 맺고 탄소중립 운동을 시행하는 등 여러 각도로 대책을 세우고 있다.

지구는 둥글게 생겼기 때문에 위도에 따라 태양의 고도가 달라진

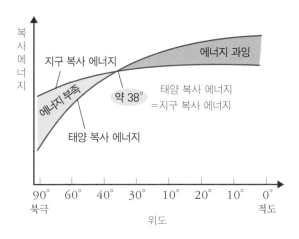

위도에 따른 에너지 불균형.

다. 태양의 고도가 달라지면 지표면에서 받는 태양 복사 에너지의 양이 달라진다. 그 결과 태양 복사 에너지를 많이 받는 저위도 지역과 태양 복사 에너지를 적게 받는 고위도 지역 간에 에너지의 불균형이 나타난다. 이때 지구의 대기와 해수가 순환하면서 저위도 지방의 남는 에너지를 에너지가 부족한 고위도 지방으로 운반하여 에너지의 균형을 맞춘다.

이제 대기권에 대해 좀 더 자세히 알아보자.

대기권을 조사하는 방법은 여러 가지가 있다. 구름, 비, 태풍 등의 기상 현상을 관측할 때는 기상레이더를 사용한다. 인공위성으로는 구름 분포를 관측할 수 있다.

상층 대기의 온도를 측정할 때는 수소나 헬륨으로 채워진 풍선에 라

디오존데를 실어 띄어 올린다. 라디오존데는 약 30km 높이까지 올라
가며 대기의 온도, 기압, 상대 습도 등을 알려준다.

대기권은 높이에 따른 온도 분포에 따라 대류권, 성층권, 중간권, 열
권으로 구분한다.

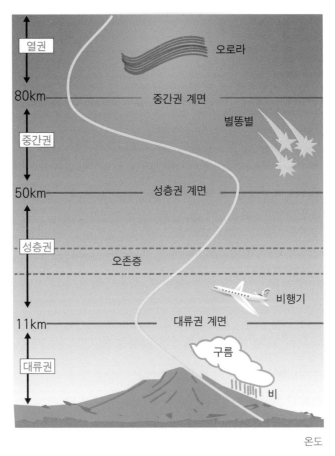

대기권의 구조.

대기권에서는 태양 복사 에너지의 대부분을 통과시키므로 대기의 온도는 주로 지구 복사 에너지의 양을 얼마나 받느냐에 따라 결정된다.

각 권역별의 특징은 다음과 같다.

지표에서 약 11km 높이까지의 구간을 대류권이라 하는데 높이 올라갈수록 기온이 낮아진다. 그래서 위쪽에는 찬 공기, 아래쪽에 따뜻한 공기가 형성되어 찬 공기는 내려오고 따뜻한 공기는 위로 올라가는 대류 현상이 일어난다.

대류권에서는 주로 지표면에서 방출하는 열을 흡수한다. 따라서 지표면에서 높이 올라갈수록 받는 지구 복사 에너지가 감소하여 1km 올라갈 때마다 6.5℃씩 온도가 내려간다. 또 수증기의 대부분이 대류권에 있어서 구름, 비 등과 같은 기상 현상이 일어난다.

전체 대기의 70~80%가 이 대류권에 집중되어 있다.

성층권은 대류권 위로부터 약 50km 높이까지의 구간으로, 높이 올라갈수록 기온도 올라간다. 아래쪽에 찬 공기가, 위쪽에는 따뜻한 공기가 있어 대기가 안정한 층이므로 대류 현상이 일어나지 않는다. 그래서 기온이 일정하고 날씨 변화가 없기 때문에 비행기의 항로로 이용된다.

성층권에는 25~30㎞ 높이에 오존층이 있어 태양으로부터 오는 자외선을 흡수한다. 이 때문에 성층권에서 높이 올라갈수록 온도가 올라간다. 그리고 오존층이 해로운 자외선을 흡수해줌으로써 지표면의 생물이 보호받고 있다.

오존은 자외선을 흡수해서 산소로 바뀌었다가 다시 오존으로 돌아

알래스카 베어 호수에 나타난 오로라.

가면서 그 양을 유지하는데 대기오염으로 인해 오존층이 파괴되기 시작했고 극지방에는 구멍이 뚫린 오존구멍이 생겼다.

만약 오존층이 없다면 대류권부터 중간권까지 올라가면 갈수록 온도가 내려가서 대기권의 구조가 두 부분으로만 나뉘어졌을 것이다.

중간권은 성층권 위로부터 약 80km 높이까지의 구간으로, 지구 복사에너지를 적게 받기 때문에 위쪽에 높이 올라갈수록 기온이 낮아진다. 높이 올라갈수록 찬 공기, 아래쪽에 따뜻한 공기가 있으므로 대기층이 불안정하여 대류 현상이 일어난다. 하지만 대기 중에는 수증기의 양이 거의 없어 구름이 만들어지지 않기 때문에 기상 현상은 일어나지 않는다.

중간권의 윗부분의 기온은 약 −90℃ 정도로 대기권에서 가장 낮다. 중간권과 열권 아랫 부분에서는 유성을 관찰할 수 있다.

열권은 중간권으로부터 약 1,000km 높이까지의 구간으로, 높이 올라갈수록 기온이 상승한다. 이는 태양 복사 에너지를 직접 흡수하기 때문이다.

열권은 공기가 희박하여 밤과 낮의 기온차가 심하고 전파를 반사하는 전리층이 있다. 이 전리층 덕분에 우리가 라디오를 전 세계에서 들을 수 있다.

극지방에서는 열권에서 오로라가 나타나기도 한다.

대류현상은 대류권과 중간권에서 모두 일어나지만 기상 현상은 대류권에서만 일어난다. 수증기가 있어야만 일어나는 것이 기상 현상이기 때문이다. 지금부터 이 기상 현상에 대해서 알아보도록 하자.

모습을 바꾸면서 순환하는 물

지구상의 물은 기체, 액체, 고체로 상태가 변하면서 지권과 대기권을 끊임없이 순환하면서 여러 가지 기상 현상을 일으킨다.

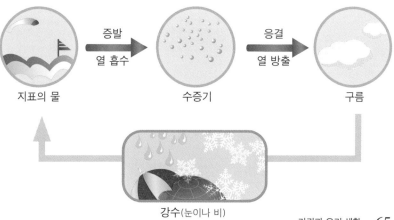

지표의 물　증발 / 열 흡수　수증기　응결 / 열 방출　구름

강수(눈이나 비)

기상 현상은 비, 눈, 안개, 우박, 서리 등과 같이 물이 액체나 고체 상태로 공기 중에 떠 있거나 떨어지는 현상이다. 기상 현상은 주로 물의 증발과 응결에 의해서 일어난다. 증발은 물의 표면에서 물이 수증기로 변해서 공기 중으로 날아가는 현상이고 응결은 공기가 이슬점 이하로 차가워지면서 수증기가 물로 변하는 현상이다.

증발은 기온이 높고 바람이 불고 습도가 낮고 표면적이 넓을수록 잘 일어난다. 젖은 머리를 빨리 말리려고 뜨거운 바람을 불어주면서 머리를 터는 것도 증발이 잘 일어나라고 하는 행동이다.

습도가 높으면 왜 증발이 잘 일어나지 않을까? 공기가 수증기를 함유할 수 있는 양이 정해져 있기 때문이다. 공기가 수증기를 최대로 함유한 상태를 포화라 하고 $1m^3$의 공기 안에 들어 있는 최대 수증기량을 포화 수증기량이라고 한다. 현재 공기 중의 수증기량이 포화 수증기량에 비해 얼마나 되는가를 나타내는 것이 습도이니 습도가 높다는 건 수증기가 증발해서 공기 중으로 늘어갈 여유가 없다는 걸 의미한다. 그러니 증발이 잘 일어나지 않는다.

포화 수증기량은 온도에 따라 달라지는데 온도가 높을수록 포화 수증기량은 증가하고 온도가 낮아지면 포화 수증기량이 감소한다. 온도가 낮아지거나 압축될 때 포화 수증기량이 감소하면 응결이 일어난다. 차가운 음료를 컵에 담으면 컵 표면에 물방울이 맺혀서 흐르는 걸 볼 수 있다. 차가운 음료 때문에 컵 주위의 공기 온도가 이슬점 아래로 내려가서 공기 중의 수증기가 물방울로 응결하기 때문이다. 공기 중의 수증기가 차가운 지면이나 물 표면에 닿으면 이슬이나 서리가 맺힌다. 차가운 공기와 따뜻한 공기가 섞이면 안개가 끼거나 구름이 만들어진다.

지표면의 공기가 따뜻해지면 밀도가 낮아져서 상승한다. 올라갈수록 기압이 낮아져서 공기가 단열 팽창하면서 온도가 내려간다. 공기의 온도가 이슬점 아래로 내려가면 수증기가 물방울로 바뀌면서 구름이 만들어진다. 구름은 찬 공기와 더운 공기가 만나거나 저기압 중심으로 공기가 모여들면서 상승할 때나 산을 따라서 공기가 상승할 때 만들어진다.

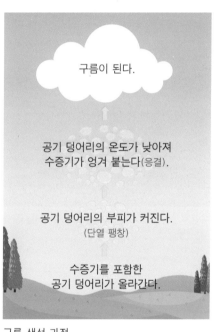

구름의 종류는 다양해서 모양에 따라 적운형 구름과 층운형 구름으로 나누기도 하고 높이에 따라 상층운, 중층운, 하층운, 수직운으로 나누기도 한다.

구름 생성 과정.

수직으로 발달하여 천둥·번개와 함께 소나기를 내리게 하는 적란운과 검은 구름이 낮고 두껍게 깔리면서 눈과 비를 내리게 하는 난층운은 대표적인 비구름이다.

폭풍우 전선이 수증기를 상공으로 밀어올릴 때 나타나는 롤 구름을 비롯한 다양한 형태의 구름.

  햇무리나 달무리가 나타나면 비가 올 것이라고 예상한다. 해나 달 주위에 하얀 고리가 보이는 현상을 햇무리, 달무리라고 하며 권층운의 빙정에 빛이 굴절, 반사하면서 생기는 현상이다. 권층운은 비를 몰고 오는 온난 전선의 앞에 주로 생기는 구름으로, 날씨가 나빠지는 저기압이 다가온다는 의미이므로 비가 올 확률이 높아진다.

왜 습도가 높고 바람이 불면 곧 비가 내릴 것이라고 예상할까?

공기 중의 수증기량이 많아지면 어느 순간 수증기가 물방울로 응결한다. 공기 속에 포화 수증기량이 정해져 있기 때문이다. 지구의 대기가 누르는 힘인 기압은 시간과 장소에 따라 달라지는데 이 기압 차이에 의해서 바람이 분다. 주위보다 기압이 높은 곳을 고기압이라고 하며 고기압의 중심에서는 하강기류가 생겨 바람이 불어나간다.

주위보다 기압이 낮은 곳은 저기압이라고 하며 저기압의 중심에서는 상승기류가 생겨 바람이 불어 들어온다. 이때 공기가 상승하면서 구름이 형성되므로 비가 내리게 된다.

바람은 기압이 높은 곳에서 낮은 곳으로 부는 데 온도가 높은 곳은 낮은 곳보다 기압이 낮아서 바람은 온도가 낮은 곳에서 온도가 높은 곳으로 분다. 같은 양의 에너지를 받더라도 물질의 종류에 따라 데워지는 정도가 다르다. 육지는 바다보다 더 빨리 데워지기 때문에 낮에는 육지 쪽 기압이 낮고 밤에는 육지 쪽 기압이 높다.

그래서 해안 지역에서는 하루를 주기로 바람의 방향이 바뀌는 해륙풍이 불고 대륙과 해양 사이에는 계절에 따라서 바람의 방향이 바뀌는 계절풍이 분다.

비와 눈이 생성되는 과정은 지역에 따라 다르게 생각할 수 있다.

온대나 한대 지방에서는 상층 기온이 낮으므로 수증기가 올라가다가 얼어붙으면서 구름을 형성한다. 구름 속의 얼음 알갱이에 수증기가 붙으면서 커져 눈이 되고 이 눈이 떨어지다가 녹으면 비로 변한다.

열대 지방에서는 상층 기온이 높으므로 수증기가 물방울의 형태로 구름을 형성하게 된다. 이 크고 작은 물방울들이 서로 부딪치면서 합쳐지고 커져 떨어지면서 비가 된다.

우박은 상승 기류가 강한 적란운에서 눈 결정 주위에 물방울이 얼어붙는 과정을 여러 번 거치면서 여러 겹으로 만들어진 후 떨어진다.

우리나라의 계절별 날씨는 주변에 위치한 여러 기단에 의해 영향을 받는다. 성질이 다른 두 기단이 만날 때 전선이 형성되는데 이때 어떤 형태로 기단이 만났는가에 따라 전선의 성질이 달라진다. 따뜻한 공기가 차가운 공기 위로 상승하면서 만들어지는 전선은 온난 전선이고 차가운 공기가 따뜻한 공기 아래로 파고들면서 만들어지는 전선은 한랭 전선이다. 두 기단의 세력이 비슷할 때 전선이 움직이지 않고 한 곳에 머물러 있는 경우가 정체 전선으로 장마철에 볼 수 있다. 이동 속력이 빠른 한랭 전선이 온난 전선과 겹치면 폐색 전선이 만들어진다. 우

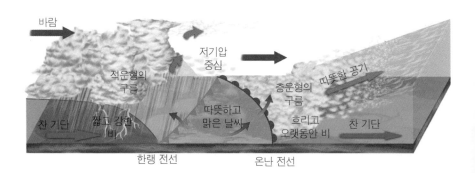

온대 저기압 주변의 날씨.

리나라의 날씨는 온대 저기압의 영향을 받아 지역에 따라 다른 날씨
가 나타난다.

시베리아 기단
(한랭건조)
겨울

오호츠크해 기단
(한랭습윤)
장마철

양쯔강 기단
(온난건조)
봄·가을

북태평양 기단
(온난습윤)
여름

적도 기단
(온난습윤)
태풍 통과시

우리나라 주변 기단.

　우리나라의 경우 봄, 가을에는 양쯔 강 기단의 영향으로 건조하면서
따뜻한 날씨였다가 초여름이 되면 오호츠크 해 기단의 영향으로 장마
가 시작된다. 여름에는 북태평양 기단의 영향으로 덥고 습하고 강한
비와 바람을 동반한 태풍이 지나가기도 한다. 가을에는 이동성 고기압
이 자주 지나서 맑은 날씨가 나타나고 겨울에는 시베리아 기단의 영

향으로 춥고 건조한 날씨가 이어진다.

우리나라의 날씨가 궁금하면 중국의 산둥 반도 쪽 날씨를 확인하면 된다. 편서풍의 영향으로 중국 쪽 고기압이나 저기압이 우리나라로 이동하기 때문이다. 그래서 황사와 미세먼지가 우리나라로 날아온다. 편서풍은 대기 대순환에서 우리나라가 위치한 위도에서 부는 대기의 움직임을 말한다.

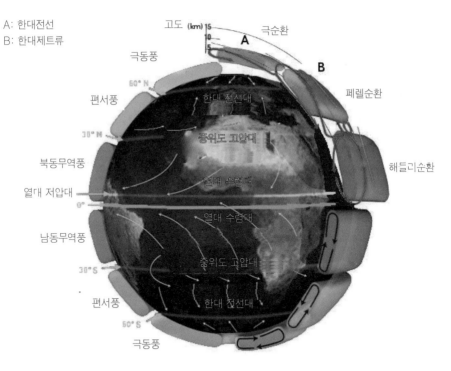

대기 대순환 모형.

전 지구적인 대규모로 대기가 움직이는 것을 대기 대순환이라고 하는 데 지구가 자전하지 않으면 남반구와 북반구에서 각각 하나로 순환하겠지만 지구가 자전하기 때문에 그 움직임이 복잡해졌다.

이렇게 대기가 순환하면서 저위도의 남는 에너지를 고위도로 운반한다.

아침에 집을 나서기 전 날씨에 대한 예보를 듣곤 한다. 일기 예보는 관측소에서 여러 가지 기상요소들을 관측한 후 분석하여 현재 일기도를 작성한다. 슈퍼컴퓨터로 분석한 자료를 토대로 예상일기도를 작성한 뒤 방송이나 인터넷을 통해 예보한다. 현재는 위성사진과 레이더를 통해서 구름의 움직임을 눈으로 확인할 수 있다.

직접 다음 일기도를 통해 살펴보자.

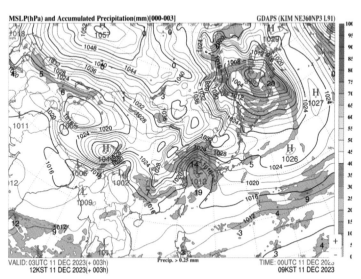

저기압의 영향으로 전국에 비가 오겠으며 특히 강원 영동과 경북 동해안 중심으로 많은 비(강원 높은 산지에는 매우 많은 눈)가 내릴 예정이다. 강풍이 예상되어 해안지역에는 풍랑 주의보가 발효되겠다.

우리에겐 변덕스런 날씨로 느껴지지만 지구의 입장에서는 에너지를 순환시켜서 전체 지구의 상태를 일정하게 유지하기 위한 현상이니 변덕스런 날씨는 지구 정화작용이라고 생각을 바꾸어 보자.

지금까지 지권, 수권, 기권에 대해서 알아보았다. 지구계의 생물권과 외권은 생물계와 태양계를 통해서 자세히 알아보도록 할 예정이다.

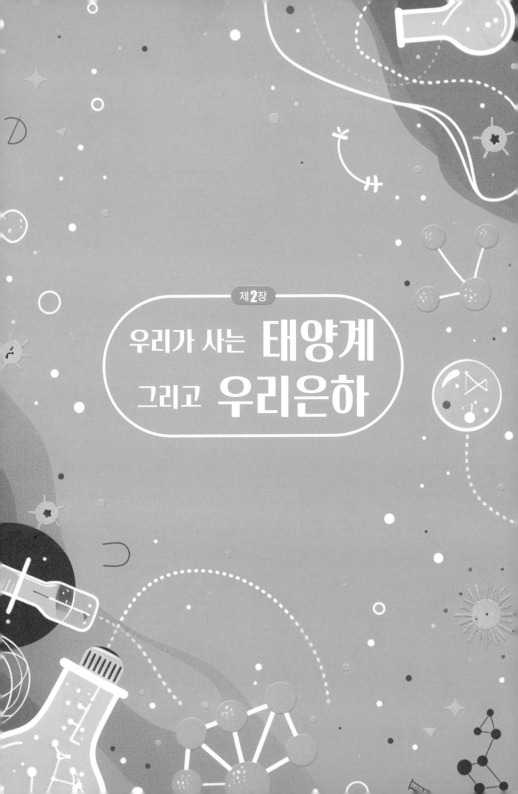

제2장

우리가 사는 **태양계**
그리고 **우리은하**

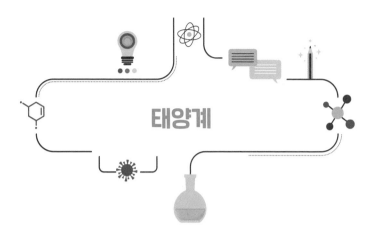

태양계

태양의 나이는 46억 살?

태양을 중심으로 여러 행성과 위성, 혜성 등 그 주위를 도는 천체 집단을 합쳐서 태양계라고 한다. '태양계'라는 표현은 1704년에 처음 등장한다. 태양계의 생성에 대해 여러 이론이 있는데 현재 천문학계에서 인정받는 것은 성운설이다. 성운설은 1734년 스웨덴의 과학자인 에마누엘 스베덴보리가 제시하고 독일의 철학자인 이마누엘 칸트와 프랑스의 천문학자인 피에르 라플라스 등이 주창했다.

약 46억 년 전에 태양계가 만들어질 수소구름(태양계 성운) 주변에서 초신성이 폭발했다. 이 폭발로 인한 충격파로 태양계 성운이 회전과 수축을 하면서 원반 형태를 이루고 원시태양이라는 중력의 중심을 가지게 되었다. 원시태양을 중심으로 가스와 먼지가 끌어 모여지면서 온

도가 점점 높아져 핵융합 반응을 일으켜 지금의 태양이 되었다. 원시
태양 주변을 돌고 있는 물질들은 뭉쳐져서 원시 행성이 되고 태양 주
위를 공전하면서 태양계가 형성되었다. 행성은 지구형 행성과 목성형
행성으로 나뉘어져 각기 다르게 만들어졌으며, 태양의 나이는 약 46
억 년으로 추정한다. 하지만 별의 일생으로 살펴보면 태양은 현재 청
장년 정도이며 앞으로도 50억 년은 더 빛날 것이다.

태양은 태양계에서 스스로 빛을 내는 유일한 항성으로 반지름이 약
695,000km이다. 이는 지구보다 109배 정도 더 크며 질량은 지구 질
량의 약 33만 배로 태양계 전체의 99.8%를 차지할 정도로 무겁다.

태양의 온도는 섭씨 기준으로 1500만도 정도인데 표면온도는 약

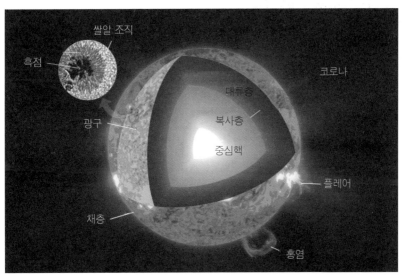

태양. 태양의 대기는 평소에는 볼 수 없으나 개기 일식 때는 볼 수 있다. 광구 바깥에 있는
붉은 층은 채층으로, 두께는 1000km 정도이다. 채층 위로 커튼처럼 너울거리는 청백색의
가스층은 코로나로 온도가 100만℃ 이상이다.

6,000도 정도이다. 뜨거운 플라즈마 형태를 가진 수소, 헬륨 등 가스로 가득하며, 태양이 발생시키는 열과 빛은 수소입자의 핵융합으로 만들어진다. 태양은 초당 약 6억 톤의 수소를 소비하여 5억 9600만 톤의 헬륨을 만들면서 약 400만 톤 정도의 열과 빛을 방출시킨다. 태양이 1초에 생산하는 에너지는 지구 전체 인구가 100만 년을 쓰고도 남는 양이다.

태양의 대기는 얇고 붉은색인 채층과 채층 위로 넓게 뻗은 청백색 코로나로 이루어졌다. 태양의 가장 바깥을 싸고 있는 플라스마 대기인 코로나의 온도는 100만도 이상이다.

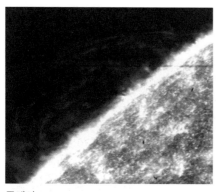

플레어.

채층 위 수십만 km까지 뻗은 채층 가스의 흐름을 홍염이라 하는데 홍염이 크게 솟구칠 때는 지구가 몇 개 들어갈 정도로 커다란 아치를 그린다. 태양 표면에서 에너지가 일시에 방출되는 폭발 현상을 플레어라고 하는데 폭발 규모에 따라 플레어의 에너지는 원자폭탄 10억 개에 맞먹기도 한다.

우리가 눈으로 보는 둥근 태양의 표면은 광구라고 하는데 태양 내부의 대류 현상으로 인해 쌀알이 뿌려진 것처럼 보인다. 쌀알 무늬 사이로 보이는 점은 흑점으로, 주위보다 온도가 낮은 부분(약 4000℃)이 검게 보이는 것이다. 시간이 지날수록 흑점의 위치가 변하는 이유는 태양이 자전하기 때문이다.

11년을 주기로 흑점의 수는 늘었다가 줄어들며, 흑점 수가 많을 때 태양의 활동이 활발하다. 따라서 흑점 수가 많을 때 홍염과 플레어가 더 크고 활발해진다. 이때 태양에서 나가는 고온의 입자들인 태양풍이 지구 쪽으로 많이 작용하면서 지구에서는 자기 폭풍, 델린저 현상, 오로라 등이 나타난다.

자기 폭풍은 지구자기장이 갑자기 불규칙적으로 변하는 현상으로 일시적인 현상이다.

델린저 현상은 단파통신 장애 현상으로 태양의 표면에서 폭발이 일어나면서 방출된 강한 전자기파가 단파 통신에 방해가 되는 대기층을 두껍게 만들면서 일시적으로 통신이 두절된다.

오로라는 태양에서 방출된 플라스마가 지구 자기장에 끌려들어와서 대기 중 공기와 부딪히면서 빛을 내는 현상이다. 그 외에도 인공위성과 송전시설이 고장나서 정전이 일어나기도 한다. 이와 같은 일을 예견하고 대책을 세우기 위해 여러 태양 관측 위성들을 통해서 여러 가지 태양 활동을 관측하여 태양 활동의 변화와 지구가 받는 영향을 예측하고 예보하고 있다.

지구의 하나뿐인 위성, 달

푸른 하늘 은하수 하얀 쪽배에 계수나무 한 나무 토끼 한 마리 ♬
돛대도 아니 달고 삿대도 없이 가기도 잘도 간다. 서쪽 나라로. ♪

달은 지구에서 가장 가까운 천체로 지구의 하나밖에 없는 위성이다. 지구에서 달까지의 거리는 약 38만㎞로 1초에 약 30만㎞ 움직이는 빛의 속도로 가면 1.3초 정도 걸린다. 달의 지름은 약 3500㎞로 지구의 $\frac{1}{4}$ 정도이고, 표면 중력은 지구의 $\frac{1}{6}$ 정도이다.

달.

다시 말해 달에서는 내 몸무게가 $\frac{1}{6}$ 로 줄어드는 것이다.

계수나무 아래에서 토끼가 방아를 찧는다는 동요가 나온 이유는 달

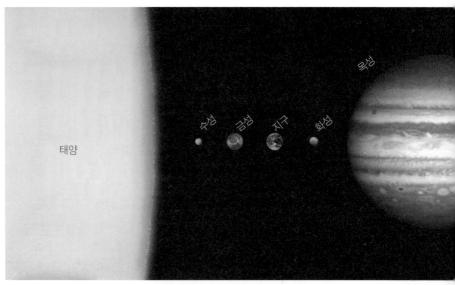
태양계.

을 관찰하면 얼룩얼룩한 무늬가 보이기 때문이다.

달은 공전주기와 자전주기가 27.3일로 같아서 지구에서는 한쪽 면만 볼 수 있다. 지구에서 가장 가까운 달은 우주 개발 경쟁의 첫 목표였다. 1959년 무인 우주선 루나 2호가 달에 최초로 도착했으며 1969년 아폴로 11호의 우주인이 인류 최초로 달에 발을 딛는다. 아폴로 11호가 설치한 지진계를 이용하여 달의 내부 구조를 알아냈는데 달은 지각, 맨틀, 핵으로 구성되어 있다.

달 표면의 밝은 부분을 고지라 하고 어두운 부분을 바다라고 부른다. 바다라고 해서 물이 있는 그런 바다를 말하는 것은 아니다. 현무암과 용암으로 이루어져 검은색과 회색을 띠고 있는 지대이다. 물론 달에도

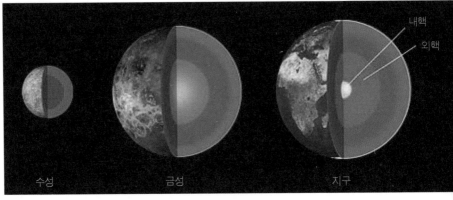

내핵
외핵

수성   금성   지구

지구형 행성의 크기 비교.

물은 있다. 2009년 나사의 달 분화구 관찰 및 탐지위성인 LCROSS
가 달의 크레이터의 영구 음지에 충돌했을 때 분출된 파편 기둥에서
많은 물 성분이 발견되었다. LCROSS가 분광 스펙트럼 분석을 통해
달의 얕은 땅 속에 물이 있다는 것을 확인했다.

하지만 달에는 대기가 없어 낮에도 하늘이 검게 보이며 밤낮의 온
도차가 매우 크다. 풍화·침식 작용도 일어나지 않아서 표면에 수많은
운석 구덩이가 있다. 아마 우리가 달에 가게 된다면 달에 처음 착륙한
우주인의 발자국도 확인할 수 있을 것이다.

태양계에는 8개의 행성과 위성, 소행성과 혜성 등이 있다.
태양계에는 태양 둘레를 도는 수성, 금성, 지구, 화성, 목성, 토성, 천
왕성, 해왕성까지 8개의 행성이 있고 이 행성 주위를 각각의 위성들

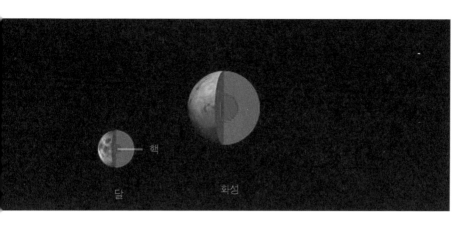

핵

달   화성

이 돌고 있다.

얼음과 먼지로 구성된 천체인 혜성은 타원 궤도를 그리며 태양 둘레를 도는데, 혜성이 태양 가까이에 왔을 때는 얼음이 녹으면서 태양의 반대편으로 긴 꼬리가 나타난다.

화성과 목성 사이에는 모양과 크기가 제각각인 작은 천체들인 소행성 약 2000여 개가 모여 태양 주위를 도는 소행성대가 위치해 있다.

우주 공간에 떠다니는 작은 천체 조각이 지구에 가까워지면 지구의 중력에 끌려온다. 이때 대기와의 마찰로 천체 조각이 타면서 밝게 빛나는 것이 유성으로, 여러분이 소원을 비는 별똥별을 말한다. 만약 이것이 다 타지 않고 지표면에 떨어진다면 운석이 된다.

계속해 태양계 행성들에 대해 좀 더 자세히 알아보자. 아직은 직접 가보지 않았기 때문에 많은 정보를 가지고 있지는 않은 만큼 더 많은 연구가 진행됨에 따라 새로운 내용이 추가되거나 바뀔 수도 있다.

태양계를 이루는 행성을 나눌 때 두 가지 기준을 사용한다. 하나는 지구의 공전궤도를 기준으로 나누는데 지구의 공전 궤도보다 안쪽에서 공전하는 내행성과 지구의 공전 궤도보다 바깥쪽에서 공전하는 외행성이다. 내행성은 수성과 금성이고 외행성은 화성, 목성, 토성, 천왕성, 해왕성이다.

다른 하나는 행성의 물리적 특성을 기준으로 나누는데 지구처럼 암석으로 이루어져 밀도가 큰 암석형 행성과 기체로 이루어져 밀도가 작은 목성형 행성이다.

일단 암석형 행성을 지구형 행성이라고 한다. 지구형 행성은 수성, 금성, 지구, 화성이고 질량과 반지름이 작다. 목성형 행성은 목성, 토성, 천왕성, 해왕성으로 질량과 반지름이 크다.

태양에 가장 가까이 위치하고 있

수성. 달과 비슷해 보인다.

는 수성의 반지름은 지구의 0.38배 정도로 작고 표면은 절벽과 울퉁불퉁한 지형으로 되어 있다. 달과 비슷한 느낌이라고 생각하면 된다. 표면온도는 평균 섭씨 179도이며 태양이 비치지 않는 곳은 영하 193도까지 내려가고 한낮에는 영상 427도까지 올라간다. 대기층이 얇아서 열을 저장할 수 없는데 지구보다 7배나 많은 태양열을 받기 때문에 밤낮의 기온차가 크다. 공전주기는 88일이고 자전주기는 약 59일로 태양 주위를 두 번 공전하는 동안 스스로는 세 번 자전을 한다. 그러다 보니 수성의 하루는 176일이나 된다. 수성의 평균 공전속도는 초속 48㎞로 지구보다 빠르다.

금성은 지구에서 가장 밝게 보이는 행성으로, 반지름이 지구의 0.9배 정도로 비슷한 크기를 가졌다. 초저녁이나 새벽에 뜨는 샛별이 금성이다. 지구에서 가장 아름답게 반짝이기 때문에 사랑의 여신 비너스로도 불린다. 왠지 사랑스러운 느낌이 들겠지만 두꺼운 이산화 탄소층 때문에 생기는 온실 효과로 표면온도는 약 500℃, 대기압은 95기압 정도로 뜨거우면서 기압이 높다. 금성의 표면은 황산

금성.

으로 이루어진 짙은 구름으로 덮여 있어서 종종 황산비가 내린다. 때문에 만약 우리가 금성에 간다면 열과 황산비에 의해 녹아서 흔적도 없어지거나 찌그러들어서 사라질 것이다.

금성의 온실 효과는 태양에 더 가까이 있는 수성보다 금성을 더 뜨겁게 만들고 있다. 또한 두꺼운 대기층 때문에 관측도 어렵고 탐사기기를 보내도 고열로 인해서 고장이 나거나 높은 기압 때문에 장비가 망가진다. 금성의 표면에는 운석 구덩이와 화산이 있다. 태양계의 행

성들은 모두 반시계 방향으로 자전과 공전을 하는데 금성은 시계 방향으로 자전하고 반시계 방향으로 공전한다. 적도에서 자전속도가 시속 6.5㎞에 불과할 정도로 자전속도가 8개의 행성 중에서 가장 느리다. 지구시간으로 243일에 한번 자전하고 공전 주기는 225일이다.

화성은 전체가 붉은색을 띠는 행성으로 지름이 약 6,800㎞로 지구의 절반 정도 크기이다. 지구와의 거리는 가장 가까울 때는 약 5500만㎞, 가장 멀 때는 1억 207만㎞ 정도이다. 자전주기는 약 24시간 37분으로 지구와 비슷하고 자전축도 약 25도 정도 기울어 계절의 변화가 있다. 공전주기는 약

화성.

687일이다. 과거에 화산활동이 활발했기 때문에 화성의 표면은 주로 현무암으로 되어 있다.

화성 표면에는 산화철이 많아서 붉은 빛을 띤다. 극지방에는 얼음과 드라이아이스로 된 흰색의 극관이 있으며 과거에 강물이 흐른 흔적도 보인다. 지구와 같이 계절의 변화가 나타나지만 태양에서 멀기 때문에 여름에도 영하 50°를 유지하는 추운 곳이다. 높이가 22,000m로 태양계에서 가장 큰 화산인 올림푸스 산과 화성의 흉터라 불리는 길이 4000㎞에 깊이 8㎞인 태양계 최대 협곡인 매리너 협곡이 있다.

이 계곡의 땅속 1m 깊이에서 대량의 수소 신호가 포착되어 물이 숨겨져 있을 것으로 추정된다. 2012년에 착륙한 탐사 로봇인 큐리오시티와 2021년 착륙한 탐사 로버인 퍼서비어런스가 화성의 지질과 기후에 대한 연구와 고대 생명체의 흔적을 찾고 있다. 화성은 포보스와 데이모스라는 두 개의 위성을 가지고 있는데 지구의 달처럼 자전주기와 공전주기가 같아서 화성에서 항상 같은 면만 보인다.

화성 바깥으로 소행성들의 영역인 소행성대가 있다. 소행성대는 화성과 목성 사이에 높이 1억㎞이고 가로 두께가 2억㎞ 정도인 하얀 도넛 구름 모양으로 분포되어 있다.

태양계에서 가장 큰 행성인 목성은 지름이 약 14만 3,000㎞로 지구의 11배 정도로 크다. 수소

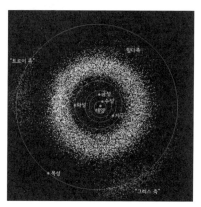

소행성대

와 헬륨 등으로 둘러싸인 거대한 가스로 이루어진 행성으로, 좀 더 컸다면 제2의 태양이 될 수도 있었을 것이란 의견이 있다. 목성의 공전주기는 약 11년 10개월이고 자전주기는 약 10시간으로 태양계에서 가장 빠르게 자전하기 때문에 적도 부분이 불룩한 타원체로 보인다. 대기의 대류에 의해 생긴 가로줄 무늬와 붉은색의 거대한 구름 소용돌이인 대적점을 볼 수 있다. 초속 100m의 풍속을 가진 소용돌이가 치는 대적점은 지구가 들어가고도 남을 정도로 크기가 큰데 오랜 관측 결과 차츰 크기

가 줄어들고 있다.

2016년 목성 궤도에 안착한 주노 탐사선은 목성의 극지방을 촬영했는데 8개의 대형 폭풍이 북극을 둘러싸고 있는 것을 발

목성의 오로라와 고리. 위성들.

견했다. 목성의 북극과 남극에서는 오로라를 볼 수 있는데 지구보다 규모가 1000배나 더 크다. 지구의 오로라는 태양풍에 따라 생기는데 목성은 태양풍의 강약과 상관없이 지속적으로 오로라가 빛난다. 목성까지 오면서 더 빨라진 태양 입자와 강력한 목성의 자기장에 위성들에서 나오는 입자들까지 가세하면서 목성의 오로라는 더 화려하고 크게 유지될 수 있다. 목성은 고리를 가지고 있으며 작은 태양계라 불릴 정도로 수많은 위성을 거느리고 있다. (2023년까지 발견된 위성은 95개이며 계속 발견 중이다). 목성의 4대 위성으로는 이오, 유로파, 가니메데, 칼리스토가 꼽히며 가니메데는 태양계에서 가장 큰 위성이기도 하다.가니메데는 지름이 약 5,270km로 수성보다도 크다.

유로파는 지름이 약 3,120km로 산이나 계곡이 없고 운석 구덩이도 거의 없고 표면이 얼음으로 되어 있다. 유로파는 바다와 생명체의 존재 가능성 때문에 주목 받고 있다. 두꺼운 얼음 표면 아래에는 염분이

많은 물바다가 있을 것으로 추정된다. 목성 탐사선 주노가 보내온 데이터를 분석한 결과 유로파 표면에서 하루에 1천 톤의 산소가 생성되는 것으로 추정된다. 허블우주망원경이 유로파 표면에서 수증기가 분출

목성과 행성 크기의 네 위성. 1979년 보이저 1호에 의해 촬영된 사진들을 조합해 만들었다.

하는 것을 관측해 과학자들 사이에서 탐사에 대한 열망이 불타오르고 있는 중이다. 2024년 10월 미항공우주국(NASA)의 무인탐사선 '유로파 클리퍼'가 발사됐다.

지름이 3,940km로 달보다 조금 더 큰 정도의 이오에서는 초대형 우주화산의 분출을 관측할 수 있다. 최대 500km 높이까지 용암이 분출된다고 한다.

2007년 미 항공 우주국 나사의 무인 명왕성 탐사선 뉴호라이즌 스페이스크래프트가 이오의 화산활동 사진을 보내옴으로써 이를 확인할 수 있었다.

이오가 화산활동을 통해 내보내는

이오 분출 사진. 파란 부분이 화산이 폭발하는 부분이다.

분출물은 목성의 오로라 형성에 기여한다.

칼리스토는 지름이 약 4,800㎞로 내부 구조가 얼음과 암석으로 되어 있고 지각은 거의 얼음으로 이루어져 있다. 표면에는 얼음이 충격에 의해 녹아서 여러 겹의 고리가 생겼다가 바로 굳으면서 생긴 충돌 흔적이 있다.

토성은 현재까지 가장 많은 위성을 가지고 있으며(2023년까지 발견된 위성은 145개이다). 얼음과 암석으로 된 아름다운 고리가 있다. 태양계 행성 중 가장 밀도가

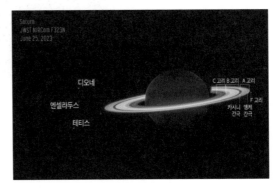

토성과 위성들.

작으며 목성과 비슷한 성분으로 이루어져 있다. 가로줄 무늬가 있고 대기의 소용돌이가 나타난다. 2005년 카시니 호의 관측에 따르면 토성 표면에서는 지구의 번개보다 1000배나 강한 번개가 발생한다고 한다. 직접 만든 망원경으로 토성을 관찰한 갈릴레이는 토성의 고리를 보고 귀가 달렸다고 표현을 했다. 망원경의 해상도가 좋지 않아서 고리가 정확하게 보이지 않았기 때문이다. 1655년 네덜란드의 과학자인 호이겐스가 고리를 처음으로 관찰했고 이탈리아계 프랑스의 과학자인 카시니는 1675년에 토성의 고리가 여러 겹이고 고리 사이에 틈이

있다고 발표했다.

과학자, 천문학자 사이에서 '생명체가 있을 가능성이 가장 높은 위성'으로 꼽히는 것은 토성의 위성인 **엔켈라두스**이다.

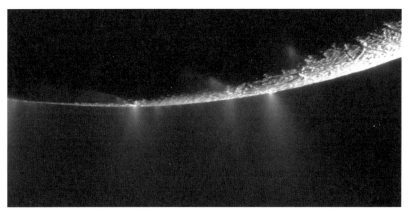

엔켈라두스의 수증기 분출.

그 이유는 1997년 10월에 발사된 카시니 우주선이 2004년 7월 토성의 궤도에 진입한 후 토성의 위성인 엔켈라두스의 남극에서 분출되는 수증기를 관측했기 때문이다. 최근 제임스웹 우주망원경으로 약 1만 Km 길이의 거대한 수증기 기둥을 관측했다. 이를 통해 엔켈라두스가 토성의 고리에 물을 직접 공급하는 걸 알 수 있게 되었다.

태양계에서 두 번째로 큰 위성인 **타이탄** 역시 생명체 존재 가능성을 가진 위성이다. 표면온도 영하 179도로 메테인가스가 액체 상태로 있을 수 있어 표면에 메테인과 에테인으로 이루어진 바다를 가진 천체로 대기 성분이 원시 지구의 대기와 매우 비슷해서 지구 생명 탄생의 비밀을 풀어줄 열쇠로 꼽고 있다. 또 미 남서연구소 분석결과에 의하면 타이탄의 질소가 토성보다 먼저 만들어져 토성의 위성인 타이탄이 토성보다 먼저 생겨났을 가능성이 높다고 한다.

천왕성은 푸른색의 천체로 공전주기가 84년이고 자전주기가 약 18시간이다. 적도 지름이 약 51,000km로 부피가 지구의 약 50배 정도 크기이다. 1781년 영국의 천문학자인 윌리엄 허셜이 발견한 행성으로, 푸른색을 띠는 이유는 대기가 수소, 헬륨, 메테인으로 구성되어 태양빛의 청색과 녹색 파장은 반사하고 적색은 흡수하기 때문이다. 태양계의 다른 모든 행성들의 자전축은 궤도면과 거의 수직을 이루는 데 반해 천왕성은 자전축이 공전 궤도면과 거의 비슷하며 여러 개의 고리와 최소 27개 이상의 위성을 가지고 있다. 자전축이 공전궤도면과 비슷하여 마치 공이 굴러가는 것처럼 태양 주위를 공전한다.

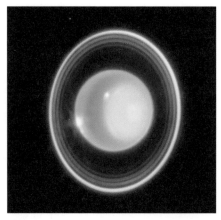

천왕성.

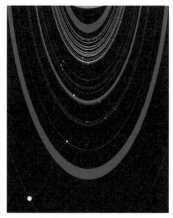

천왕성의 고리.

1846년 독일의 요한 갈레가 발견해 바다의 이름을 받게 된 해왕성은 푸른색의 천체로, 공전주기가 165년이고 자전속도가 위도에 따라 달라서 적도에서 자전주기는 약 18시간이고 양극지방에서 자전주기는 약 12시간이다. 지름이 약 5만㎞로 지구보다 17배나 무겁고 부피는 44배가 넘는다. 재미있는 사실은 이보다 몇 년 전에 영국의 존 애덤스와 프랑스의 르베리에가 계산과 예측으로 8번째 행성의 존재를 발표했다는 것이다. 이 때문에 갈레의 발견 후 영국과 프랑스는 누가 먼저 해왕성을 발견했는가로 논쟁을 벌이다 애덤스와 르베리에 모두에게 해왕성 발견의 업적을 돌리기로 했다.

2022년 제임스웹 우주 망원경이 해왕성의 고리와 위성 7개를 선명하게 포착.

해왕성은 대기의 소용돌이에 의한 검은색의 큰 점이 있고 태양에서 너무 멀어 빛을 잘 받지 못한다. 태양빛을 천왕성보다 2.5배나 덜 받지만 온도는 약 영하 212°로 서로 비슷하며 4개 이상의 고리를 가지고 있다. 현재까지 알려진 위성은 14개로, 해왕성의 위성 중 가장 큰 **트리톤**은 질소로

트리톤.

이루어진 얼음 화산과 메테인과 암모니아가 가득찬 호수가 있어서 천문학자들의 관심을 끌었다. 트리톤은 또한 다른 위성들과 달리 역행을 하며 대기를 가진 위성이기도 하다. 천왕성과 해왕성은 보이저 2호가 1986년~1989년에 걸쳐 최초이자 마지막으로 근접 통과하면서 탐사를 했고 현재는 NASA에서 해왕성 궤도선과 대기 탐사선 프로젝트를 추진 중에 있다.

9번째 행성에서 왜소행성으로 지위가 격하된 명왕성은 현재 왜소행성 134340으로 이름이 바뀌었다.

명왕성은 달보다도 작은 얼음 덩어리로, 명왕성 궤도에 명왕성보다 더 큰 소행성이 수백 개나 되어 2006년 행성에서 제외되고 왜소행성 134340이라는 새로운 이름으로 다시 불리게 되었다. 왜소행성은 명왕성 외에 세레스, 에리스, 하우메아, 마케마케 등이 있다. 왜소행성도 위성을 가지고 있다.

2006년에 나사에서 발사한 뉴호라이즌 호가 2015년 7월 14일 명왕성 가까이에서 사진을 찍었다. 명왕성은 지름이 2370km로 지구 지름의 $\frac{1}{6}$ 정도이고 표면온도가 영하 230도로 얼음 평원과 모래 언덕 그리고 오래된 분화구가 있다. 화성과 비슷한 모습이다.

명왕성.

명왕성은 카이퍼벨트의 가장자리에 있는데 뉴호라이즌호는 명왕성을 지나서 카이퍼벨트로 날아가고 있다. 카이퍼벨트는 태양계의 중력에 이끌린 수천여 개의 천체들로 이루어져 있다. 카이퍼벨트는 해왕성 바깥에 태양으로부터 30~50AU 지역에 형성되어 있다. 그 바깥으로 태양계의 끝이라 하는 오르트구름이 태양으로부터 2000AU~멀게 10만AU 거리에서 태양계를 둘러싸고 있다. 과학자들은 카이퍼벨트와 그 바깥쪽에 있는 오르트구름을 혜성의 고향으로 보고 있다. 앞으로 카이퍼벨트와 그 바깥에 있는 수많은 천체들에 대한 정보도 알 수 있을 것이다. 혜성은 행성과 위성이 만들어지고 남은 잔해로 태양계가 탄생할 때의 물질과 상태를 수십 억 년 동안 그대로 지니고 있다. 그래서 태양계의 탄생 비밀을 알기 위해 혜성 탐사선을 발사하고 있다.

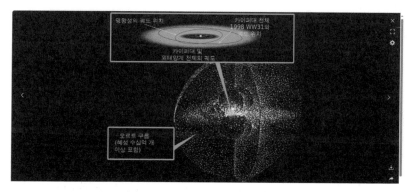

오르트구름 상상도.

지구는 어떻게 태어났을까?

태양이 태어난 후 수많은 먼지와 운석들이 충돌을 거듭하면서 46억 년 전 태양의 중력에 의해 원시지구가 태어났다. 원시지구는 온도가 1600도에 달하는 불덩어리였다.

지구의 탄생 초기에 수많은 미행성과 운석이 지구의 중력에 끌려 충돌하면서 지구는 점점 커져갔다. 충돌 시 발생한 열에 의하여 암석이 녹으면서 여러 종류의 기체와 수증기가 방출되어 대기가 형성되었다. 그 후, 운석의 충돌이 줄어들면서 냉각된 지구에는 지각이 형성되었고, 대기 중의 수증기는 비가 되어 지표의 낮은 곳으로 모이면서 바다가 형성되었다.

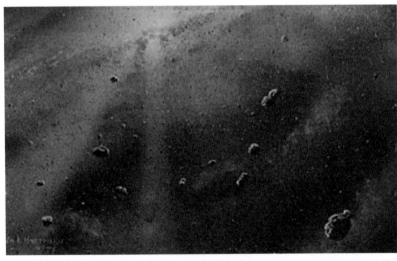

태양계의 생성 과정을 유추한 이미지. 과학자들은 태양 성운에서 여러 행성이 생성되었다고 보고 있다.

지구는 자기장을 가지고 있어서 태양으로부터 오는 태양풍과 외계의 방사선을 막아준다.

　태양풍의 전하를 띤 입자 중 일부가 양극 지방으로 끌려들어 만들어지는 것이 오로라이다. 대부분의 전하를 띤 입자는 지구 주변을 스쳐지나가는 데 이때 지구의 자기력에 잡혀서 지구를 중심으로 도넛 모양의 보호막을 형성한다. 이 방사선대를 밴 앨런대라고 한다. 밴 앨런대는 인체에 해로운 우주 방사선이 태양풍과 함께 날아오면 지구에 들어오지 못하도록 차단하는 보호막 역할을 한다. 밴 앨런대는 지구를 외대와 내대, 두 겹으로 둘러싸고 있다.

태양풍과 지구 자기장에 의한 밴 앨런대.

지구는 둥글다

옛날 사람들은 지구의 모양을 평평하다고 생각했다. 그래서 멀리 바다로 여행가는 것은 위험하다고 생각했다.

그리스인과 수메르인은 하늘이 둥근 천장 모양이고 땅은 편평하다고 믿었으며 별, 달 및 태양은 그 안에서 운동한다고 생각했다.

이집트인들은 땅 아래에는 지하수가 있고 하늘은 몇 개의 높은 봉우리로 받쳐져 있다고 생각했다. 그리고 한국인은 땅이 편평하고 하늘이 삿갓 모양으로 되어 있다고 믿었다.

그러다가 점점 지구의 모양이 둥글다는 생각을 하게 되었다. 월식 때 달에 비친 지구의 그림자가 둥글게 보였고 먼 바다에서 항구로 들어오는 배는 돛대부터 보였기 때문이다. 또 높이 올라갈수록 더 먼 곳까지 보이고 고위도 지방으로 갈수록 북극성의 고도가 높아진다는 사실도 지구가 둥근 증거가 되었다. 남반구를 여행하면 북쪽의 밤하늘에서 볼 수 없었던 별자리기 보인다. 남반구의 하늘과 북반구의 하늘에 다른 별자리가 떠 있다는 것으로도 지구가 평평하지 않다는 것을 알 수 있다. 그리고 가장 확실한 증거는 인공위성에서 찍은 지구의 사진이다.

지구가 둥글다는 것을 처음으로 증명한 이는 세계 일주를 성공한 마젤란이다. 그는 지구가 둥글다면 한 방향으로 계속 갔을 때 출발 지점으로 되돌아올 것이라 믿고 항해를 시작했다.

지구는 얼마나 클까?

지구의 크기를 최초로 계산한 사  람은 그리스의 에라토스테네스이다.

지금으로부터 약 2200년 전 하짓 날 정오에 시에네의 한 우물에 햇빛 이 수직으로 들어오는 것을 본 에라 토스테네스는 지구의 크기가 궁금해 졌다. 그는 북쪽으로 약 925km 떨 어진 알렉산드리아에 같은 시각에 그림자가 생기는 것을 보고 측정을 통해 햇빛이 수직에서 약 7.2° 기울

그리스의 에라토스테네스.

어져 들어오는 것을 알았다. 지구가 둥글다고 생각한 에라토스테네스 는 수학의 원리를 이용하여 지구의 크기를 계산하기로 했다. 그는 지 구는 완전한 구형이며 지구로 들어오는 태양 광선은 어느 곳에서나 평행하다고 가정했다.

원호의 길이는 중심각의 크기에 비례한다는 원리와 엇각은 서로 같 다는 원리를 이용한 그의 계산은 다음과 같다.

$$7.2° : 925\text{km} = 360° : 2\pi R$$

$$\therefore R \fallingdotseq \frac{46250}{2\pi}\,\text{km} \fallingdotseq 7400\text{km}$$

그 결과 약 7400km라는 측정치가 나왔는데 실제 지구의 반지름이 약 6400km인 것을 생각하면 상당히 정확한 값을 계산해낸 것이다. 지구는 거의 구형에 가깝지만 엄밀하게 말하면 적도 반지름이 극반지름보다 조금 긴 타원체이고 시에네와 알렉산드리아가 같은 경도상에 위치하지 않았을 뿐더러 시에네와 알렉산드리아 사이의 거리도 정확하게 측정되지 않았기 때문에 이와 같은 오차가 발생한 것이다.

물론 북극성을 이용해서 지구의 크기를 측정할 수도 있다. 왜냐하면 북극성의 고도는 그 지방의 위도와 같기 때문이다.

달의 크기는 얼마일까?

같은 경도에 위치하면서 위도만 서로 다른 두 지역 간의 거리를 가지고 에라토스테네스가 이용한 식에 대입하면 지구본 모형의 크기도 측정할 수 있다.

오늘날에는 인공위성을 통해서 지표면에 있는 지점의 경도와 위도, 거리를 정확하게 측정할 수 있어서 지구의 둘레를 구할 수 있다.

그렇다면 달처럼 멀리 떨어져 있는 천체의 크기는 어떻게 알 수 있을까? 달처럼 멀리 있는 천체의 크기는 직접 측정할 수 없다. 그럼 어떻게 알까?

여러분들은 일출 사진을 찍거나 달 사진을 찍을 때 손가락으로 해와 달을 잡는 것처럼 연출한 적이 있을 것이다. 손바닥 위에 해를 얹은 것처럼 찍은 적도 있을 것이다. 이제 손가락을 둥글게 말아서 그 안에 달이 딱 맞게 들어가게 해보자. 눈에서 동그라미까지의 거리와 눈에서 달까지의 거리 사이 비가 동그라미의 지름과 달의 지름 사이의 비와 같다. 달처럼 동그란 물체로 정확하게 자를 이용해서 거리를 측정하면 달의 지름을 알 수 있다. 이렇게 닮음비를 이용하면 달이나 태양 같은 천체의 크기를 측정할 수 있다.

실제 달의 지름은 약 3500km로 지구 지름의 $\frac{1}{4}$ 정도이다. 지구에서 달까지의 거리는 어떻게 알았을까?

기원전 150년경 그리스의 천문학자인 히파르쿠스가 시차현상을 이용해서 지구에서 달까지의 거리를 계산했다. 현재는 달표면에 있는 반사 거울에 레이저를 쏘아서 반사되어 돌아오는 시간을 측정해서 거리를 계산한다. 물론 달에 있는 거울은 아폴로 11호와 그 후에 달에 간 탐사선들이 갖다 놓은 것이다.

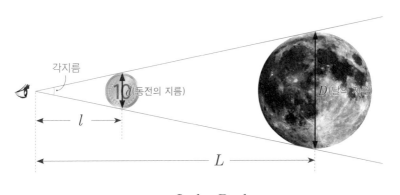

$$L : l = D : d$$

달의 크기 측정 원리.

지구는 움직인다

아침마다 해가 동쪽에서 떠서 서쪽으로 진다. 달도 동쪽에서 떠서 서쪽으로 진다. 왜 해와 달은 동쪽에서 떠서 서쪽으로 질까? 그것은 지구가 움직이기 때문이다.

차를 타고 가다 보면 길 가의 나무와 풍경이 뒤로 움직이는 것처럼 느껴진다. 마찬가지로 지구가 서쪽에서 동쪽으로 자전하기 때문에 해와 달이 반대로 움직이는 것처럼 보이는 것이다. 밤새 북쪽 하늘을 찍으면 북극성을 중심으로 별들이 시계 반대방향으로 도는 것처럼 찍힌다. 해, 달, 별 등이 하루에 한 바퀴씩 원을 그리면서 도는 운동을 천체의 일주 운동이라고 하는데 지구가 하루에 한 바퀴씩 자전하기 때문에 일어나는 운동이다.

태어난 별자리에 대한 이야기도 들어본 적이 있을 것이다. 태양이 하늘의 별자리 사이를 이동하면서 밤하늘에 보이는 별자리가 계절별로 달라진다. 이는 지구가 태양을 중심으로 일년에 한 바퀴씩 돌기 때문이다. 지구가 태양을 중심으로 서쪽에서 동쪽으로 한 바퀴 도는 운동을 공전이라고 한다. 태양이 별자리를 배경으로 일년에 한 바퀴씩 도는 운동을 태양의 연주 운동이라고 한다. 지구가 공전하면서 태양이 있는 쪽 별자리는 보이지 않고 태양의 반대쪽 별자리만 밤하늘에서 볼 수 있다. 그래서 계절에 따라 밤하늘에 보이는 별자리가 달라지는데 태어난 별자리는 태어난 날에 태양이 위치한 별자리이다.

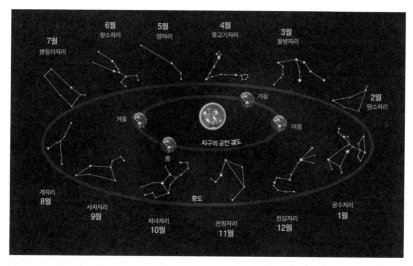

지구공전에 따른 남반구 별자리 변화.

별자리만 달라지는 것이 아니라 밤하늘에 떠 있는 달의 모습도 매일 조금씩 달라진다. 같은 시각에 관찰하면 달의 위치도 조금씩 달라진다. 이는 달이 지구 주위를 공전하기 때문이다.

지구가 태양 주위를 공전하고 달은 지구 주위를 공전한다. 달은 스스로 빛을 내지 못하기 때문에 햇빛을 반사하여 빛난다. 태양과 지구, 달이 어떻게 위치해 있는가에 따라 지구에서 볼 때 달의 밝게 보이는 부분이 달라진다. 지구에서는 달의 밝게 보이는 부분만 보이기 때문에 모양이 달라지는 것처럼 보인다. 추석에는 커다란 보름달을 볼 수 있다. 보름달은 달이 지구를 중심으로 태양의 반대편에 있을 때 볼 수 있다. 이 때를 망이라고 한다. 달이 지구와 태양 사이에 있을 때는 달이 보이지 않는다. 이 때가 삭이다. 달이 지구를 중심으로 태양과 직각을 이룰 때 반달을 볼 수 있다. 오른쪽 반원이 보일 때가 상현, 왼쪽 반원이 보일 때가 하현이다. 달의 위상변화는 29.5일을 주기로 변한다.

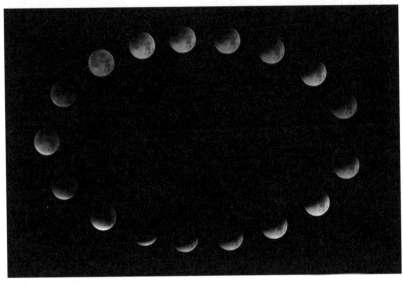

달의 위상 변화.

지구는 얼마나 빠르게 움직일까? 지구가 하루 한 바퀴 자전하는 속도는 적도를 기준으로 약 초속 500m 정도이다. 지구가 태양 둘레를 도는 공전속도는 약 초속 30km이다. 지구가 있는 태양계는 우리 은하의 중심을 초점으로 돌고 있는데 약 초속 200km 정도의 빠르기로 움직인다. 우리 은하 역시 우주 공간을 가로지르며 약 초속 600km로 움직이고 있다. 우주 공간조차 빛의 속도로 팽창하고 있다. 하지만 우리는 그 속도를 느끼지 못한다. 우리가 비행기를 타고 날고 있으면 그 속도를 느끼지 못하는 것처럼 우리도 함께 움직이고 있기 때문이다.

일식과 월식

갑자기 태양이 가려져 세상이 어두워질 때가 있다. 옛날에는 태양이 사라지거나 달이 사라지면 왕이 정치를 잘못했다 하여 왕이 쫓겨나기도 했다. 이 현상은 태양과 달과 지구의 위치가 변하기 때문에 일어난다.

지구에서 볼 때 달이 태양을 가리는 현상을 일식이라고 한다. 달이 태양을 완전히 가리는 현상을 개기 일식이라고 하고 달이 태양의 일부를 가리는 현상을 부분 일식이라고 한다.

월식.

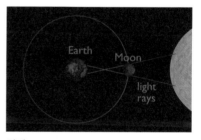

일식.

일식은 달이 태양과 지구 사이에 위치하여 태양, 달, 지구 순으로 일직선상에 있을 때 일어난다. 일식은 달이 태양을 가려서 생기기 때문에 달의 그림자가 생기는 지역에서만 볼 수 있는데 달의 본그림자가 닿는 지역에서는 개기 일식을 볼 수 있고 달의 반그림자가 닿는 지역에서는 부분 일식을 볼 수 있다.

보름달이 가려져 붉은 달이 보일 때가 있다. 이는 지구 그림자 속으로 달이 들어가서 달이 보이지 않는 현상으로 **월식**이라고 한다. 월식은 태양과 달 사이에 지구가 들어가서 태양, 지구, 달 순으로 일직선상에 있을 때 일어난다.

지구 그림자에 달 전체가 가려지는 현상을 개기 **월식**, 달의 일부분이 가려지는 현상을 **부분 월식**이라고 한다. 월식은 달이 지구 그림자에 가려지는 현상이기 때문에 밤인 모든 지역에서 볼 수 있다. 일식과 월식이 매번 일어나지 않는 이유는 지구의 공전 궤도와 달의 공전 궤도가 5도 이상 기울어져 있기 때문이다.

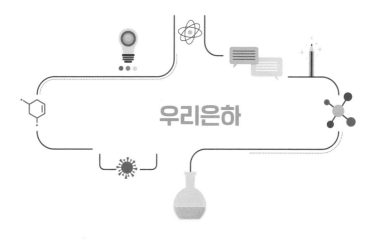

우리은하

별

밤하늘 어둠 속에서 반짝반짝 빛나는 별. 별은 스스로 빛을 내는 천체로 항성이라고도 부른다.

먼 옛날부터 사람들은 별을 바라보며 많은 이야기를 만들어냈다. 여러 개의 별을 모아서 신화 속 인물이나 동물 등의 이름을 붙인 **별자리**를 만들고 그 별자리에 얽힌 이야기들을 만들어냈다. 그중 가장 유명한 별자리 이야기는 약 3천 년 전 고대 그리스인들이 자신들이 관찰한 별에 대한 이야기를 시와 문헌들에 기록한 것이다.

오늘날에는 전 세계 대부분이 88개의 별자리를 사용하는데 별자리의 이름은 라틴어로 되어 있다.

영국 도서관에 보관된 안드레아스 셀라리우스의 별자리를 나타낸 작품.

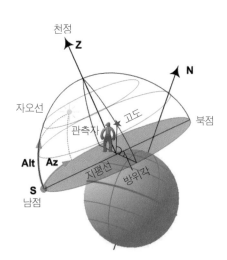

지평좌표계 : 관측자의 지평선과 북점 (또는 남점)을 기준으로 천체의 위치를 나타내는 좌표계

고도: 그 방향에 위치한 천체가 지평 선상에서 올라온 각도를 말한다.

방위각: 북쪽으로부터 지평선을 따라 시계 방향으로 잰 각도로, 천 체가 위치한 방향을 알려준다.

지평좌표계.

고흐의 〈별이 빛나는 밤〉.

별의 궤적 사진.

별의 위치는 **지평좌표계**를 이용해 나타낸다.

별자리는 항상 같은 위치에 있는 것이 아니라 매일 조금씩 그 위치가 변한다. 하루 동안 별자리를 관찰하면 동쪽에서 서쪽으로 움직이는 것처럼 보이는데 이는 지구의 자전 때문이다. 밤새 카메라를 노출시키면서 찍은 지구 자전에 따른 별의 궤적사진을 보면 마치 고흐가 그린 밤하늘 작품처럼 별이 둥글게 움직인 모습을 확인할 수 있다.

지구의 밤하늘은 언제나 태양의 반대쪽을 향하고 있다. 따라서 지구의 공전 현상으로 지구의 위치가 달라지면 밤하늘에 보이는 별자리도 달라지기 때문에 계절별로 보이는 별자리는 다르다. 매일 같은 시각

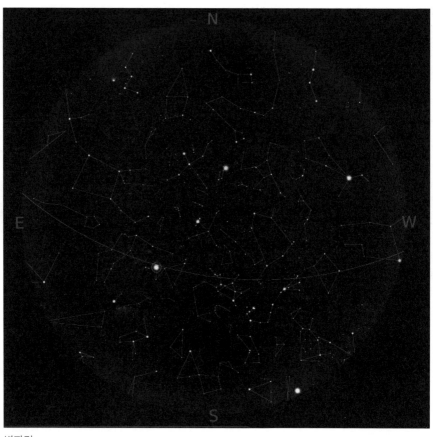

별자리.

에 같은 별자리를 관찰하면 하루에 약 1°씩 동에서 서로 움직이는 것을 확인할 수 있다. 북쪽 하늘의 대표적인 별자리는 큰곰자리, 작은곰자리, 카시오페이아 등이 있다.

우리나라는 북반구에 위치하므로 북극성 근처에 있는 별들은 일 년

내내 볼 수 있다. 또 계절에 따라 눈에 띄는 별자리가 조금씩 달라진다. 계절별 별자리는 그 계절에 저녁 9시경 잘 보이는 별자리를 말한다.

봄에는 목동자리, 처녀자리, 사자자리 등을 보기 쉬우며 여름에는 백조자리, 거문고자리, 독수리자리 등이 유명하다.

가을철 밤하늘에는 사각형 모양의 페가수스자리를 중심으로 물고기자리, 안드로메다자리 등 많은 별자리들이 나타나며, 겨울철 밤하늘에서는 오리온자리, 쌍둥이자리, 황소자리뿐만 아니라 유난히 많은 별들을 볼 수 있다.

고구려의 무덤 벽화나 고인돌 등에서도 별자리에 대한 관측 흔적을 발견할 수 있지만 별자리에 대한 제대로 된 그림으로는 조선 초기에 제작되어 보급된 천상열차분야지도라는 천문도가 전해온다.

천상열차분야지도는 조선 건국 초 태조의 명으로 별자리 그림을 돌에 새긴 천문도로 우리나라 천문학의 역사가 오래 되었음을 알려주는 좋은 증거이다.

고구려의 천문도를 기본으로 하여 조선시대에 맞게 변동된 별자리를 고쳐서 만든 지도로, 윗

천상열차분야지도 각석. 국보 제228호.

부분에는 북극성을 중심으로 구역을 나눈 많은 별자리 그림과 설명이 있고 아랫부분에는 천문도의 이름과 천문도의 역사적 배경, 그리고 제작에 참여한 관리들의 관직과 성명이 기록되어 있다.

별의 밝기

밤하늘을 바라보면 별들의 밝기가 제각각 다른 것을 볼 수 있다. 별의 밝기가 다른 이유는 별까지의 거리가 모두 다르고, 같은 거리에 있을지라도 별에서 나오는 에너지가 다르기 때문이다.

B. C. 150년경에 그리스의 천문학자 히파르코스는 눈으로 보기에 가장 밝은 별을 1등성, 가장 희미하게 보이는 별을 6등성으로 하여 별의 밝기 등급을 나누었다. 숫자가 작을수록 밝은 별이고 숫자가 클수록 어두운 별인데 각 등급 간 밝기는 약 2.5배 차이가 난다. 즉 1등성은 6등성보다 100배 밝다.

그런데 사실 같은 밝기의 별이라도 멀리 있는 별이 가까이 있는 별보다 어둡게 보인다. 예를 들면 북극성은 태양보다 밝은 별이지만 지구에서 거리가 멀기 때문에 태양보다 어둡게 보인다. 때문에 보이는 대로의 밝기가 진실은 아닌 것이다.

따라서 맨 눈으로 본 별의 밝기를 겉보기 등급이라 하고 모든 별을 같은 거리(32.6광년, 즉 10pc)에 놓았다고 가정할 때 보이는 별의 등급을 절대 등급으로 놓고 다시 별의 밝기를 정했다. 그 결과 겉보기 등급은 별의 실제 밝기를 알 수 없지만 절대 등급은 별의 실제 밝기를 비교할 수 있다.

이에 따라 겉보기 등급과 절대 등급 사이의 관계로 별의 거리와 밝기를 알아볼 수 있다.

겉보기 등급이 절대 등급보다 작으면 32.6 광년보다 가까이 있는 별이고 겉보기 등급이 절대 등급보다 크면 32.6 광년보다 멀리 있는 별이다.

별	겉보기 등급	절대 등급	별	겉보기 등급	절대 등급
시리우스	−1.5	1.4	안타레스	1	−4.5
알테어(견우)	0.8	2.2	북극성	2.1	−3.7
베가(직녀)	0	0.5	리겔	0.1	−6.8
아크투르스	−0.1	−0.3	태양	−26.8	4.8

지구에서 별까지의 거리는 연주 시차를 이용하여 알 수 있다. 멀리 있는 별일수록 연주 시차가 작으므로, 별의 거리는 연주 시차에 반비례한다. 연주시차가 1인 별까지의 거리를 1pc(파섹)이라고 하는데 1pc은 약 3.26광년의 거리를 말한다. 1광년은 빛이 1년 동안 가는 거리이다.

별의 색깔은 표면온도에 따라 달라진다?

밤하늘의 별을 보면 별의 밝기뿐 아니라 색깔도 다양하다. 물체의 색은 그 물체의 온도에 따라 달라진다. 노란색 촛불과 푸른색 가스렌지불을 떠올리면 이해하기 쉬울 것이다.

물체의 온도가 높을수록 파장이 짧은 푸른색을 띠고 온도가 낮을수록 파장이 긴 붉은색을 띤다. 따라서 별의 표면온도가 높을수록 푸른색 에너지가 더 많이 방출되고 온도가 낮은 별일수록 붉은색 에너지가 더 많이 방출된다. 그래서 별의 표면온도가 높을수록 별의 색깔은 붉은색, 노란색, 흰색, 푸른색으로 달라진다. 하지만 별에서 오는 빛은 매우 약하기 때문에 눈으로만 별의 표면온도를 판단하기는 어렵다. 그래서 정밀한 분광기를 이용하여 별의 스펙트럼을 분석하면 별의 표면온도에 따라 스펙트럼의 모양이 달라진다.

뱀자리 남쪽 성단의 모습. 별의 구성원 성분에 따라 다양한 색깔을 보여준다.

태양은 표면온도가 약 6000도이므로 노란색인 G형이다. 오리온자리의 리겔과 베텔게우스는 모두 1등성임에도 불구하고 별의 색이 다르다. 리겔은 청백색으로 B형이고 베텔게우스는 붉은색을 띠는 M형으로, 두 별의 표면온도가 다르기 때문이다.

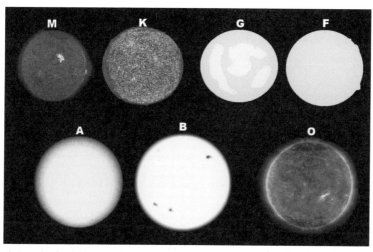

별의 표면온도에 따른 색깔.

M: 적색, 3천 이하

K: 주황색, 3천~5천

G: 황색, 5천~6천

F: 백색~황색, 6천~8천

A: 백색, 8천~1만 2천

B: 청색~백색, 1만 2천~3만

O: 청색, 3만도 이상

M
낮다

표면온도

O
높다

우리은하

지구는 태양을 중심으로 도는 행성이다. 그런데 밤하늘을 쳐다보면 태양계 내의 행성들 말고도 수많은 별들이 보인다. 그중에는 우리은하에 속한 별들도 있고 외부 은하의 별들도 있다.

일단 태양계가 속해 있는 수많은 별과 성단, 성운, 성간 물질 등으로 이루어진 거대한 천체의 집단을 우리은하라고 한다. 우리은하에는 태양과 같은 별이 약 2000억 개 정도 포함되어 있다.

성단은 말 그대로 별이 무리지어 모인 집단으로 수백 개의 별이 비교적 엉성하게 모여 있는 것이 산개 성단, 수십만 개의 별들이 빽빽하게 공 모양으로 모여 있는 것을 구상 성단이라고 한다.

산개 성단은 온도가 높은 젊은 별들이 많아 푸른색 별이 많이 보이고 구상 성단은 온도가 낮아 붉게 보이는 늙은 별들이 많다.

큰부리새자리 47 구상 성단의 모습. 오른쪽은 그중 일부를 허블우주망원경으로 찍은 이미지를 확대했다.

산개 성단의 일종인 M11의 모습.

성운은 가스나 티끌이 모여서 구름처럼 보이는 것이다. 성운에는 별빛을 흡수하거나 반사하여 빛을 내는 밝은 성운과 암흑 성운이 있다. 밝은 성운에는 스스로 빛을 내는 방출 성운과 주위의 별빛을 반사하여 밝게 보이는 반사 성운이 있다. 암흑 성운은 먼지티끌이 두꺼워서 뒤쪽 별빛을 차단하여 그림자처럼 어둡게 보이는 성운이다.

NGC2244와 그 주변의 장미 성운 모습. 방출 성운이다.

성간 물질은 별들 사이 공간에 퍼져 있는 가스나 아주 작은 티끌을 말하는 데 별은 바로 이 성간 물질에서 태어난다. 성간 물질이 많이 모이면 밀도가 커져서 중력에 의한 수축이 일어나고 그 결과 중심부의 온도가 높아지면서 핵융합 반응이 일어나면 별이 태어난다.

하지만 우주의 대부분을 차지

말머리 성운과 그 주변. 암흑 성운이다.

하고 있는 것은 암흑물질이다. 암흑물질은 별과 달리 빛을 내지 않는 물질이다. 암흑물질은 빛과 상호작용을 하지 않기 때문에 직접 관측은 못하지만 질량을 갖고 있기 때문에 주변에 미치는 중력 효과를 통해서 존재를 알 수 있다. 암흑물질은 주변에 있는 별들을 끌어당기면서 별들의 움직임에 영향을 준다. 주변 별들의 움직임을 보면 간접적으로나마 암흑물질이 어떻게 분포되어 있는지 알 수 있다. 예를 들면 은하단에 모여 있는 은하는 질량과 회전 속도를 고려했을 때 밖으로 튕겨나가야 하지만 그 형태가 유지된다. 즉 이를 붙잡을 만한 질량이 있다는 이야기로, 은하 중심에 있는 보이지 않는 질량인 암흑물질의 영향을

우리은하의 중심.

받는다는 것을 알 수 있다. 우주론의 표준 모형에 의하면 암흑물질은 우주 전체 질량의 27% 가량 차지한다. 약 68% 정도는 정체를 모르는 에너지로 암흑 에너지라고 부른다. 우주는 점점 더 속도가 빨라지면서 팽창하고 있다. 이는 암흑에너지의 압력이 우주 공간에 작용하고 있기 때문이다. 암흑에너지는 우주의 팽창을 가속화시키는 원인으로 지목되어 현재 연구가 진행되고 있다. 암흑물질과 암흑에너지는 서로 다른 성질을 가지고 있지만 모두 우주의 구조와 진화를 이해하는데 필수적인 역할을 한다. 암흑물질은 중력을 통해 물질의 결합을 도와 은하와 은하단을 형성하게 하며 암흑에너지는 우주가 점점 빠르게 팽창할 수 있는 힘이다. 허블망원경이나 제임스웹 우주망원경으로 오랜 시간 관측하면서 암흑물질에 대해 조금씩 알려지고 있다.

지구에서 우리은하의 중심 쪽을 바라봤을 때 별들이 아주 많이 모여서 마치 하늘 전체를 흐르는 우윳빛 강처럼 보이는데 이것이 바로 은하수이다. 은하수는 하늘 전체를 둘러싸서 남반구와 북반구 모두에서 보인다. 망원경으로 은하수를 최초로 관찰한 사람은 갈릴레오 갈릴레이(1610년)였다.

은하수의 모양이 여름에 더 확실하게 보이는 이유는 여름이면 지구가 별들이 많이 모여 있는 은하 중심 방향 즉 궁수자리 쪽을 보기 때문이다.

우리은하는 지름이 약 30000pc로, 옆에서 보면 볼록한 원반 모양이고 위에서 보면 중심에 막대 모양과 가장자리가 소용돌이 모양인 막대나선 은하이다. 중심부는 약 1.5만 광년의 두께를 가지고 있으며 늙고 오래된 별들이 많이 모인 주위로 푸른색의 젊은 별과 가스, 먼지 등으로 이루어진 나선팔을 가지고 있다. 태양계의 위치는 은하의 중심에서 약 8500pc 떨어진 나선팔에 있다. 우리은하의 나이는 우주의 나이와 비교하여 137억 년에 근접할 것으로 추정하고 있다.

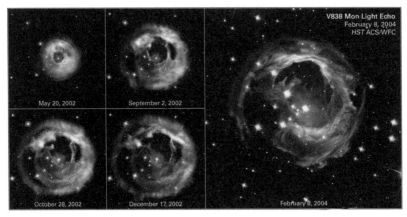

허블우주망원경으로 촬영한 V838 Monocerotis 별 주변에서 생긴 빛 메아리 현상. 이는 순간적으로 우리은하에서 가장 크고 밝은 별이 되었을 때의 모습이다.

우리은하 밖에 존재하는 은하를 외부 은하라고 하는데 외부 은하는 우주 공간의 모든 방향으로 고르게 분포되어 있다. 허블은 최초로 안드로메다 은하가 외부은하라는 것을 알아내고 많은 외부은하를 관측했다.

허블은 외부 은하를 모양에 따라서 나선 은하, 타원 은하, 불규칙 은하로 분류했다. 그 외에도 나선과 타원의 중간형인 렌즈형 은하와 보통의

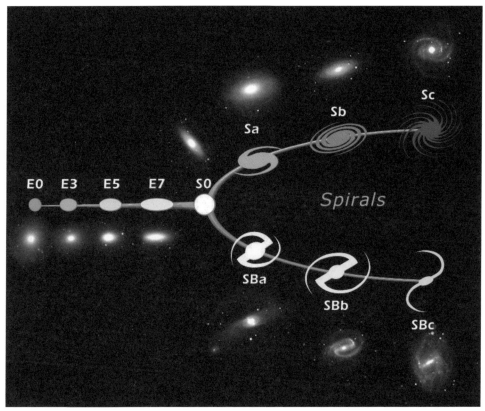

허블의 은하 분류.

E : 타원 은하. S: 나선 은하. Sa: 정상나선 은하. SB: 막대나선 은하.

은하보다 엄청 강한 전파를 방출하는 전파 은하, 보기에는 별처럼 보이
지만 보통 은하보다 더 많은 에너지를 방출하는 퀘이사가 있다.

   은하의 생성으로는 **대폭발 우주론**(빅뱅 우주론)이 있는데 우주의 모든
물질이 한 곳에 모여 있다가 폭발 후 팽창하여 현재의 우주로 진화되

었다는 이론이다. 약 138억 년 전에 대폭발이 일어나서 우주가 만들어졌고 우주의 총 질량은 일정하기 때문에 우주가 팽창함에 따라 우주 평균 밀도는 작아지고 우주의 온도는 낮아지며 점점 어두워진다는 이론을 갖고 있다. 이는 우주의 시작과 끝이 있는 **진화론적인 우주론**으로, 전파 은하와 퀘이사, **우주배경복사**의 발견이 그 증거로 제시된다.

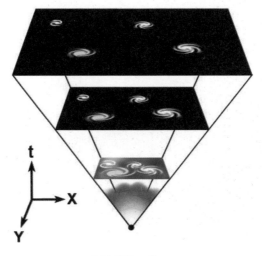

우주 팽창 모형.

우주가 팽창하고 있다는 증거로 외부 은하의 **도플러 효과**를 들 수 있다. 멀리 떨어져 있는 외부 은하에서 오는 빛의 도플러 효과를 관측해 보면 모두 원래의 파장보다 길게 나타나는 **적색편이**가 나타난다. 적색편이는 관측대상으로부터 나오는 빛이 멀어질 때 나타나는 현상이다. 그래서 은하들이 점점 더 멀어지고 있다는 것을 알 수 있다.

우주가 계속 팽창할지 아니면 어느 순간 다시 쪼그라들지는 아무도 예측할 수 없다. 우주의 어마어마한 나이에 비하면 우리의 일생은 찰나에 지나지 않는다. 하지만 인간의 호기심은 저 넓은 우주의 끝까지 뻗어나가 지금도 끝없이 탐구하고 있다.

MACS 0416 은하단

아주 먼 옛날부터 인간은 밤하늘을 보며 여러 가지 상상의 나래를 펼쳤다. 이러한 우주에 대한 호기심은 직접 우주로 가보고 싶은 꿈으로 변했다.

1865년에 발표된 쥘 베른의 《지구에서 달까지》라는 소설은 달에 다녀오는 사람들에 대한 이야기인데 아폴로 11호가 달 착륙에 처음으

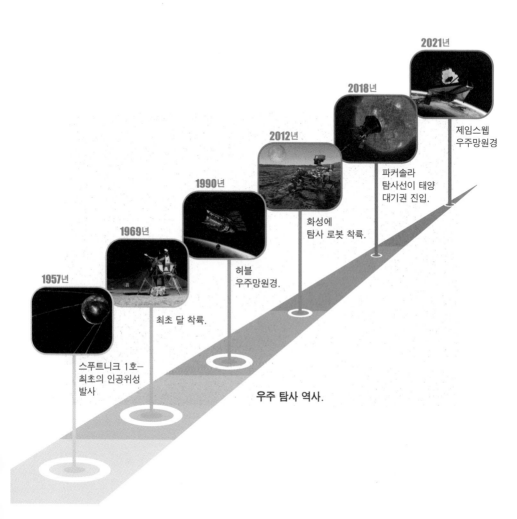

1957년
스푸트니크 1호–
최초의 인공위성
발사

1969년
최초 달 착륙.

1990년
허블
우주망원경.

2012년
화성에
탐사 로봇 착륙.

2018년
파커솔라
탐사선이 태양
대기권 진입.

2021년
제임스웹
우주망원경

우주 탐사 역사.

로 성공했던 시기보다 무려 100년이나 먼저 쓰였다.

　힌트를 얻은 우주 과학자들이 로켓을 개발하고 여러 가지 과학기술이 발전하면서 인류는 실제로 우주 탐사를 하게 되었다. 우주 탐사선으로 직접 천체까지 날아가기도 하고 인간이 직접 가기 어려운 천체에는 탐사 로봇을 착륙시켜서 조사도 한다. 또한 지구 주위를 돌면서 우주 탐사와 여러 가지 업무를 수행하는 인공위성도 많아졌으며 지구 대기 밖으로 우주 망원경을 쏘아올려 태양계 밖 우주까지 탐사하고 있다. 이와 같은 우주 탐사 역사를 대략적으로 왼쪽 그림과 같이 정리해보았다.

　2023년 기준으로 8000개가 넘는 인공 위성이 지구 주위를 돌고 있으며 태양계 밖으로 나간 탐사선들은 현재 다른 별들을 향해 날아가면서 관련 자료들을 지구로 보내오고 있다. 또한 2023년에는 민간인 우주여행이 성공하면서 우주관광에 대한 기대도 커지고 있다.

　우주 탐사를 위한 새로운 과학기술의 개발은 실생활에서도 적용되어 여러 가지로 편리하게 응용되고 있다. 예를 들면 자동차나 휴대전화에 있는 네비게이션은 위성위치 확인 시스템(GPS)를 이용하여 위치 정보를 알려주는 시스템이다. 우주탐사에서 사용한 사진 촬영 기술을 응용하여 자기 공명 영상(MRI) 장치와 컴퓨터 단층 촬영(CT)장치를 만들어 의료 분야에서 유용하게 사용하고 있으며 우주복을 위해 개발된 기능성 옷감은 운동이나 레저를 위한 옷을 만드는 데 이용된다. 집에서 자주 사용하는 정수기와 전자레인지도 우주 탐사를 위해 개발된 기술이 적용된 예이다.

그런데 우주 개발로 좋은 점만 있는 것은 아니다. 전 세계 각국에서 우주 개발에 참여하면서 무분별하게 우주로 쏘아올린 많은 물체들이 우주 쓰레기가 되어 지구 주위를 빠른 속도로 돌면서 충돌이나 지구로 떨어졌을 때의 피해 등 여러 가지로 큰 문제가 되고 있다. 그중 위성과 우주 쓰레기의 충돌 위험은 우주 쓰레기의 위치와 속도를 계산해서 충돌 위험이 높은 인공위성의 궤도를 바꿔 피하고 있다.

현재 세계 각 나라에서는 우주 그물, 청소 위성, 레이저 빗자루 등 여러 다양한 아이디어를 구상하고 있으나 아직은 연구 단계에 불과하다.

제3장

모든 생물이 살아가는 세계
생물계

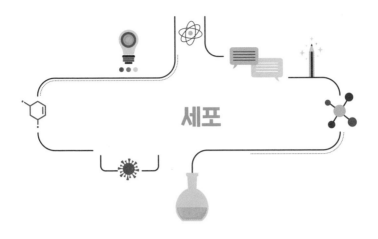

세포

생명이 있는 것을 생물이라고 한다

최초로 500여 종의 동물을 수집하고 그 종류별로 나눠서 분류한 사람은 아리스토텔레스였다. 그는 생물을 종과 속으로 구분하는 현대적 분류법의 토대를 만들어 '동물학의 아버지'라 불린다. 그 뒤 2000년 가까운 긴 세월 동안 그를 뛰어넘는 동물학자는 없었다.

그렇다면 '식물학의 아버지'는 누구일까? 아리스토텔레스의 제자였던 테오프라스토스이다. 그는 수많은 식물을 분류하고 어떻게 자라고 번식하는지 그리고 어떻게 재배하는지 상세하게 기록했다. 이 기록들이 담긴 그의 저서는 '멘델의 유전법칙'이 세상으로 나올 수 있는 기초가 되었다.

지구상에는 박테리아에서부터 사람까지 아주 다양한 생물이 살고 있다. 2017년까지 발견된 생물의 종류는 약 172만 종(2017년 GBIF)이다.

그리고 새로운 생물이 계속 발견되고 있어서 과학자들은 지구상에 생물이 약 1000만 종 이상 있을 것이라고 예상한다. 하지만 지금 100만 종 이상이 멸종 위기에 처해 있다. 특정 동물에 대한 인간의 무분별한 남획과 외래종의 유입으로 토종동물이 멸종하고 산업화와 도시화로 생물의 서식지가 파괴되고 있으며 환경오염도 일으켰기 때문이다.

모든 생물은 생태계의 구성원으로서 살아가야 한다. 만약 벌이 사라진다면 벌이 번식을 돕는 많은 식물들이 함께 멸종할 수 있다. 그러면 그 식물들을 통해 살아가는 많은 동물들도 함께 멸종하게 된다. 그러니 생태계가 유지되고 우리가 그 안에서 건강하게 살기 위해서도 생물의 멸종을 막아야 한다.

생물의 멸종을 막으려면 생물 다양성을 유지하는 일은 중요하다. 생물 다양성은 어떤 지역에 살고 있는 생물의 다양한 정도를 말한다.

생물 다양성을 유지하려면 생물이 살아가는 생태계가 유지되어야 하고 한 생태계에 많은 종류의 생물이 살아야 한다. 게다가 같은 종류의 생물이라도 유전적으로 다양한 특징을 가지고 있어야 급격한 환경 변화나 전염병에도 살아남을 수 있다. 같은 종류의 생물도 생김새나 특성 차이를 보이는데 이 차이를 변이라고 한다. 이를 가장 잘 보여주는 것이 갈라파고스 제도에 사는 핀치새이다.

1835년 비글호를 타고 갈라파고스 제도에 도착한 찰스 다윈이 핀치새를 조사했는데 섬에 따라 부리 모양이 다른 핀치새가 살고 있었다. 핀치새는 먹이나 환경에 적응하는 과정에서 환경에 맞는 변이를 가진 개체가 살아남아 진화했기 때문이다. 각각 다른 환경에 적응하는 과정에서 생물의 변이가 일어나 원래의 생물과 특징이 다른 생물이 나타나게 된 것이다.

지구상에 사는 다양한 생명체 중 대부분은 식물이 차지하고 있다. 동물의 질량을 다 합쳐도 지구 생물량의 1%에 불과할 정도로 식물이 차지하는 비중은 엄청나다.

생물이 무생물과 구별되는 특징으로는 무엇이 있을까?

먼저 광합성과 호흡을 떠올릴 수 있다. 호흡은 양분을 분해하여 에너지를 얻는 과정이고 광합성은 빛에너지로 양분을 만드는 과정이다. 생물체는 몸 안에서 필요한 물질을 합성하거나 분해하여 사용하는 물질대사를 한다. 또한 환경의 자극에 반응하며 그에 맞춰서 변화할 수 있다. 대표적인 예가 식물이 빛을 향해 자라는 성질이나 동물이 환경에 따라 색이나 모양을 바꾸는 보호색이나 의태 등이다.

생물은 외부 환경의 변화에는 상관없이 자신의 체내 환경을 일정하게 유지하는 항상성도 가지고 있다. 무엇보다 자신의 유전자를 후손에게 전달하기 위해 다양한 방법으로 생식을 한다. 그리고 생물은 모두 세포로 구성되어 있다.

생물을 체계적으로 연구하기 위해서는 생물을 분류하는 것이 필요하다. 과학자들은 생물 고유의 특징을 관찰하여 공통점과 차이점을 비교하면서 생물을 분류했다.

아리스토텔레스는 동물을 유혈동물과 무혈동물로 분류했다. 린네는 동물과 식물로 분류하면서 계, 문, 강, 목, 과, 속, 종으로 세분화했다. 뒤를 이어 많은 과학자들이 생물을 3~6개의 계로 나누는 작업을 했다. 현재는 동물계, 식물계, 균계, 원생생물계, 원핵생물계의 5가지 계로 분류한다.

핵막으로 둘러싸인 뚜렷한 핵이 있는가, 세포벽이 있는가, 몸을 구성하는 세포 수가 하나인가 다수인가, 영양분을 어떻게 얻는가 하는 기준에 따라 5가지 계로 나눈다.

원핵생물계에 속하는 생물은 대장균, 포도상구균, 젖산균 등

세균이라 부르는 생물로 핵이 없고 세포벽이 있는 생물 무리이다.

원생생물계에 속하는 생물은 짚신벌레, 김, 아메바, 다시마 등으로 균계, 식물계, 동물계에 속하지 않는 생물 무리이다.

균계에 속하는 생물은 버섯, 곰팡이, 효모 등으로 대부분 몸이 균사로 이루어져 있고 다른 생물로부터 영양분을 흡수하는 생물 무리이다.

식물계에 속하는 생물은 소나무, 이끼, 고사리, 무궁화 등으로 광합성을 하여 스스로 영양분을 만드는 생물 무리이다.

동물계에 속하는 생물은 지렁이, 호랑이, 조개, 새 등으로 대부분 운동 기관이 있고 먹이를 섭취해서 양분을 얻는 생물 무리이다.

이 책에서는 동물계와 식물계를 중심으로 생물의 특징에 대해 설명할 예정이다.

세포

먼저 우리 몸을 이루는 가장 작은 단위인 세포에 대해 알아보자.

세포는 생명체를 이루는 가장 작은 단위, 즉 구조적이고 기능적인 기본 단위이다.

1665년 영국의 로버트 훅이 처음으로 세포를 발견했다. 직접 만든 현미경으로 코르크 조각을 관찰하다가 작은 방 모양의 공간들을 발견하고 방이라는 의미로 세포라는 이름을 붙였다. 사실 그가 관찰한 방은 죽은 코르크 세포의 세포벽이었지만 말이다.

세포는 생명 활동이 일어나며 물과 단백질로 이루어진 원형질과 생명 활동 결과 만들어진 부분인 후형질로 이루어진다. 핵, 세포막, 세포질, 미토콘드리아, 엽록체는 원형질이고 세포벽과 액포는 후형질이다.

대부분의 세포는 10~100㎛ 정도이나 타조의 알은 지름 7~15㎝, 사람의 정자는 30~50㎛, 난자는 140㎛ 등으로, 세포의 모양과 크기는 생물의 종류와 부위, 기능에 따라 아주 다양하다. 그리고 생물체의 크기는 세포의 수에 따라 커지기도 하고 아주 작기도 하다.

생물을 세포의 수로 나눈다면 세포 하나가 하나의 생명체인 아메바나 유글레나 같은 단세포 생물과 장미나 사람처럼 여러 개의 세포로 몸이 이루어진 다세포 생물이 있다.

다세포 생물은 여러 개의 세포가 모여서 조직을 이루고 여러 조직이 모여서 일정한 모양과 기능을 수행하는 기관을 이루며 이 모든 기관이 모여서 하나의 개체를 이룬다.

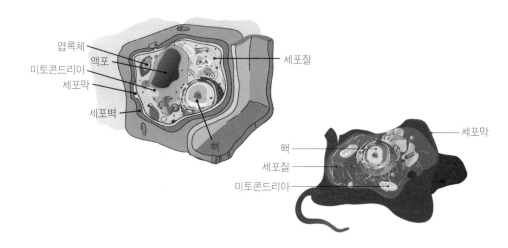

동물세포와 식물 세포 비교

핵	유전 물질이 들어 있어 세포의 생명활동 조절.
세포막	여러 가지 물질의 출입 조절
세포질	세포 내부를 채우고 있는 물질
미토콘드리아	생명활동에 필요한 에너지를 만듦
엽록체	광합성을 하여 양분을 만듦
세포벽	세포를 보호하고 모양을 일정하게 유지
액포	노폐물이나 색소 성분을 저장

* 엽록체와 세포벽은 식물 세포에만 있고 액포는 주로 식물 세포에서 잘 발달해 있다.

생물과 동물의 구성단계를 표로 나타내면 다음과 같다.

식물에서만 볼 수 있는
공통된 기능을 가진
조직들의 모임이다.

식물의 구성단계	세포	조직	조직계	기관	개체

동물의 구성단계	세포	조직	기관	기관계	개체

동물에서만 볼 수 있는
몇 개의 기관이 모여
공통된 기능을 나타낸다.

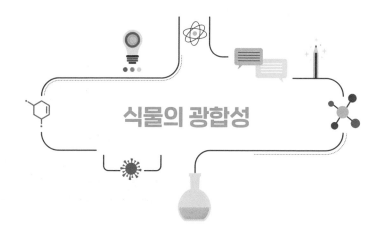

식물의 광합성

현재까지 알려진 바로는 태양계 내에서 생명체가 사는 곳은 지구뿐이다. 생명체가 살아가려면 에너지가 필요한데 식물은 스스로 양분을 만들어 에너지원으로 사용할 수 있다. 녹색 식물이 지구상에 퍼지면서 동물이 살 수 있는 환경이 만들어졌다. 식물은 햇빛을 받아 잎의 엽록체에서 광합성을 통해 양분을 만든다. 그렇다면 움직일 수도 없는 식물이 광합성에 필요한 물과 무기양분은 어떻게 흡수할까?

물과 무기 양분을 흡수하는 첫 번째 일꾼은 뿌리

식물에서 뿌리는 어떤 역할을 할까? 뿌리는 식물체가 서 있을 수 있도록 지탱해주고 호흡작용을 하며 잎에서 만든 양분을 저장하기도 한

다. 무엇보다 중요한 역할은 식물
체에 필요한 물과 무기 양분을 흡
수하는 작용이다.

USDA 자연보존센터 식물재료 분야 과학자
들이 감마그래스 뿌리를 채취하고 있다.

뿌리의 구조를 보면 물과 무기
양분을 효율적으로 흡수하기 위
해 가장 바깥쪽 표피세포의 일부
가 뿌리털로 변형되어 있다. 그리
고 뿌리를 더 길게 뻗기 위해 뿌
리 끝 쪽에 세포 분열이 일어나는
생장점이 있다. 이 생장점을 보호
하기 위해 죽은 세포로 이루어진
뿌리골무가 겉을 감싸고 있다.

내피 안쪽으로 관다발이 들어
있는데 물관은 뿌리털에서 흡수
한 물과 무기 양분이 줄기로 이
동하고 체관은 잎에서 만든 양분
이 뿌리로 이동하는 통로가 된다.
물관과 체관 사이에는 세포 분열
이 일어나서 식물의 부피를 키워
주는 형성층이 있다.

그러면 뿌리에서는 어떻게 물과

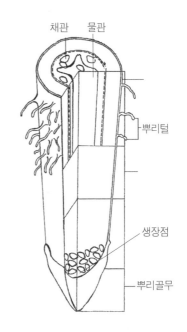

뿌리의 종단면과 횡단면.

무기 양분을 흡수하는 걸까?

식물은 스스로 물을 흡수할 수 없기 때문에 삼투현상을 이용하여 물을 흡수한다. 즉 식물체 내의 농도를 높여서 농도가 낮은 흙 속의 물이 농도가 높은 뿌리 안으로 저절로 들어오도록 하는 것이다.

뿌리털 세포의 농도가 흙 속의 용액 농도보다 높으므로 흙 속의 물이 뿌리털 세포로 흡수된다. 또 뿌리털의 표피 세포보다 피층이, 피층보다 내피 쪽의 농도가 더 높으므로 흡수된 물은 점차 안쪽으로 이동하여 물관에 이른다.

잘 자라게 한다고 비료를 너무 많이 줄 경우 오히려 흙 속의 농도가 식물체보다 높아지면서 거꾸로 삼투현상이 일어나서 식물이 자랄수 없게 된다.

물관으로 들어온 물과 무기 양분은 줄기를 따라 잎까지 올라간다.

물과 양분을 이동시키는 통로인 줄기

줄기는 관다발이 잘 발달되어 있어서 뿌리로부터 오는 물과 무기양분을 잎으로 운반해주고 잎에서 만든 유기양분을 뿌리로 운반한다.

물과 무기양분의 이동통로인 물관과 유기양분의 이동통로인 체관 사이에는 형성층이 있다. 형성층은 세포 분열이 일어나서 식물의 부피 생장을 하는 부분이다. 이 형성층이 계절에 따라 세포 분열하는 정도가 달라서 생기는 것이 나이테이다. 쌍떡잎식물과 외떡잎식물의 구분은 이 형성층의 유무로 할 수 있다.

줄기는 식물체를 지탱해주고 호흡작용을 하며 양분을 저장하기도 한다. 줄기에 양분을 저장하는 식물은 감자, 양파 등이 있다.

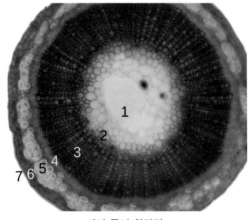

1:속

2, 3: 물관—물과 무기 양분의 이동통로로 관다발의 안쪽에 위치

4: 체관— 잎에서 만든 양분이 이동하는 통로로 관다발의 바깥쪽에 위치

5:후벽조직

6: 피층—표피와 내피 사이에 있는 층

7: 표피—줄기의 겉을 싸서 보호

아마 줄기 횡단면.

수많은 동물을 먹여 살리는 입? 잎!

하늘을 향해 손바닥을 벌리고 있는 것처럼 보이는 잎은 햇빛이 강한 여름에 더 진한 녹색을 띤다. 현미경으로 잎의 세포를 관찰하면 녹색의 작은 알갱이가 보인다. 이 알갱이가 빛에너지를 이용하여 양분을 만드는 엽록체이다. 여름에 잎이 진해지는 건 광합성을 많이 하기 위해 엽록체가 늘어났기 때문이고 가을에 잎의 색이 변하는 건 낮의 길이가 줄어들면서 잎이 광합성 작용을 멈추면서 엽록체를 줄이기 때문이다. 엽록소가 분해되면서 다른 색소의 색이 보이기 때문에 울긋불긋

하게 단풍이 드는 것이다.

잎의 가장 중요한 역할은 바로 광합성을 하는 것이며 그래서 잎의 구조를 살펴보면 햇빛을 받는 쪽으로 엽록체가 많이 몰려 있다.

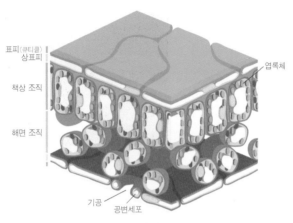

잎의 단면구조.

표피 조직(epidermis) 한 층의 세포로 되어 잎의 겉을 싸서 보호
책상 조직(palisade) 세포들이 빽빽이 늘어서 있고 엽록체가 많아 광합성이 가장 활발
해면 조직(sponge) 세포들이 엉성하게 배열되어 기체 출입에 도움 .엽록체가 있어 광합성
기공(stoma) 가스 교환과 증산 작용
공변세포(guard cell) 엽록체가 있어 광합성. 기공의 개폐 조절.

잎의 또 다른 중요한 역할은 **증산 작용**이다. 증산 작용은 식물체 내에 쓰고 남은 물을 기공을 통해서 공기 중으로 버리는 작용이다. 증산 작용은 공변세포 내의 수분량에 따라 기공이 열리고 닫히면서 조절된다. 공변세포가 광합성을 하여 공변세포 내 농도가 높아지면 삼투압 현상에 의해 주변 세포에서 물이 공변세포로 들어온다. 공변세포가 팽

팽해져서 팽압이 높아지면
공변세포의 바깥쪽 세포벽
이 안쪽 세포벽보다 얇아서
휘어지면서 기공이 열린다.
기공은 광합성이 일어날 때
열리고 광합성이 일어나지
않으면 닫힌다. 또한 기공
을 통해서 광합성과 호흡에
필요한 이산화 탄소와 산소
가 드나든다.

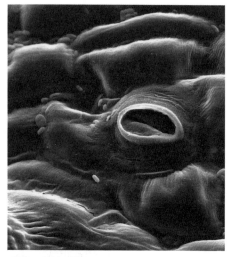
토마토 잎의 기공.

식물은 증산 작용을 통해 식물체의 온도와 무기 양분의 농도를 조절한다. 이 증산 작용이 뿌리에서 흡수한 물과 무기 양분이 잎까지 이동할 수 있는 원동력이 된다. 물론 뿌리에서 흡수한 물이 잎까지 올라가는 데는 증산 작용, 물 입자의 응집력, 뿌리압, 모세관 현상 등 여러 가지 힘이 함께 작용한다.

증산 작용은 식물체 내의 수분이 빠져나가는 현상이므로 나무를 다른 곳으로 옮겨 심을 때는 잎을 좀 떼어내고 옮겨주어야 나무가 마르지 않고 잘 자랄 수 있다.

빛에너지를 저장하는 광합성

식물의 엽록체에서 햇빛을 받아 물과 이산화 탄소로부터 포도당과 같은 양분을 만드는 과정을 광합성이라고 한다.

광합성의 재료는 뿌리로부터 올라온 물과 기공을 통해 흡수한 이산화 탄소 그리고 빛에너지이다. 엽록체에서 물과 이산화 탄소를 빛에너지로 잘 버무려 포도당과 산소를 만든다. 식물의 광합성이 중요한 이유는 모든 생물의 먹이가 되는 양분을 합성할 뿐만 아니라 생물의 호흡에 꼭 필요한 산소를 만들기 때문이다.

광합성이 잘 일어나려면 빛의 세기가 강해야 하고, 이산화 탄소의 농도도 높아야 한다. 물론

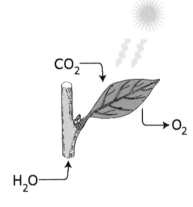

광합성 작용.

무한대로 광합성량이 증가하지는 않는다. 잎의 엽록체가 할 수 있는 광합성량이 정해져 있기 때문이다.

빛이 강할 경우에는 온도가 높을수록 광합성량은 증가한다. 광합성이 가장 활발한 온도는 30~40℃이고, 10℃ 이하나 40℃ 이상에서는 급격히 감소한다. 이는 광합성을 하는 생체효소들이 적당한 온도범위를 벗어나면 작용하지 못하기 때문이다.

광합성을 통해서 만들어진 양분은 체관을 통해서 식물의 각 부분으로 이동하여 필요한 에너지원과 몸의 구성 물질로 사용한다. 그리고 남은 포도당은 저장 기관으로 옮겨서 녹말이나 지방의 형태로 저장한

다. 식물은 종류에 따라 광합성으로 만든 양분을 녹말, 설탕, 포도당, 단백질, 지방 등 다양한 물질로 바꿔서 저장한다.

　광합성을 통해서 만들어진 산소는 먼저 식물이 호흡하는 데 사용하고 남은 산소는 기공을 통해서 배출된다. 동물은 이 저장된 양분과 배출된 산소로 살아간다. 호흡은 생물이 살아가는 데 필요한 에너지를 얻기 위하여 몸속의 영양분을 태우는 과정을 말한다.

　그 과정을 보면 광합성과 반대임을 알 수 있다.

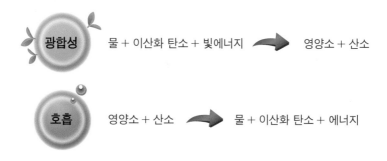

　호흡은 밤낮 구분 없이 항상 일어나며, 이때 만들어진 에너지는 대부분 체온을 유지하는 데 쓰이고, 그 외에도 생장 등 활동에 필요한 에너지로 쓰인다. 호흡이 일어나는 장소는 세포 속의 미토콘드리아이다.

　한마디로 광합성은 양분을 만들어 에너지를 저장하는 과정이고 호흡은 양분을 분해하여 에너지를 얻는 과정이다.

　광합성과 호흡을 비교해보면 다음 표와 같다.

구분	광합성	호흡
시간	빛이 비치는 낮	밤낮 없이 항상
장소	엽록체	미토콘드리아
재료	물, 이산화 탄소	영양분, 산소
생성물	포도당, 산소	물, 이산화 탄소
에너지 관계	에너지(빛) 흡수	에너지 방출
기체 출입	이산화 탄소 흡수, 산소 방출	산소 흡수, 이산화 탄소 방출

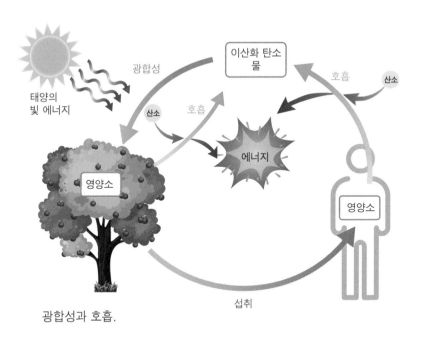

광합성과 호흡.

생장과 생식

생물은 어떻게 세대를 이어나가고 있을까?

생물은 스스로 생장하고 자신의 유전자를 다음 세대로 전달한다는 점에서 무생물과 다르다.

생물의 생장은 세포 분열을 통해서 이루어진다.

몸의 크기가 커지는 것은 세포의 수가 늘어나서이다. 바로 자신의 체세포를 분열하여 그 수를 늘리는 것이다. 생물체를 구성하고 있는 체세포가 분열해서 2개의 세포로 되는 것이 **체세포 분열**이다. 분열하기 전의 세포를 **모세포**, 분열한 후의 새로 생긴 세포를 **딸세포**라고 한다.

세포는 세포막을 통해서 필요한 영양분과 산소를 외부로부터 받고 노폐물을 세포 밖으로 내보낸다. 생물이 세포 크기를 키우지 않고 분열하여 세포 수를 늘이는 이유는 세포에서 일어나는 물질 교환 때문이다. 세포가 생명을 유지하려면 이러한 물질 교환이 잘 이루어져야 한다. 세포 수가 많아지면 표면적이 증가하여 세포 안과 밖의 물질을 교환하는 데 더 유리해진다. 세포 크기가 커지면 필요한 물질과 만들어지는 노폐물이 많아지기 때문에 물질 교환이 더 많이 일어나야 하는데 부피가 증가하는 만큼 표면적이 늘어나지 않아서 오히려 물질 교환이 어려워진다. 그래서 세포의 수를 늘리는 것이 훨씬 효율적인 방법이다.

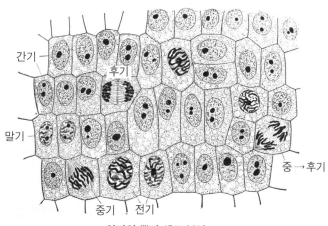

양파의 뿌리 세포 분열.

핵분열
- **간기**: 염색사가 복제된다(DNA 복제).
- **전기**: 염색체 형성. 세포 분열 과정 중 가장 긴 시기.
- **중기**: 염색체가 세포 중앙에 배열. 염색체의 수와 모양을 관찰하기에 가장 좋은 시기로 가장 짧다.
- **후기**: 각각의 염색 분체가 방추사에 의하여 양극으로 이동
- **말기**: 염색 분체가 염색사가 되며, 핵막과 인이 나타나 두 개의 딸핵이 형성된 후 세포질이 분열된다(세포질 분열).

식물의 생장은 생장점과 형성층에서만 이루어지지만 일생 동안 일어나고, 동물의 생장은 몸 전체에서 이루어지지만 일정한 크기가 되면 더 이상 생장하지 않는다.

세포는 종류에 따라 분열 시기와 속도가 정확하게 조절된다. 세포 분열을 조절하는 유전자가 있어서 꼭 필요할 때만 세포를 분열한다. 그런데 이러한 유전자에 돌연변이가 생기거나 비정상적으로 활성화가 되면 세포는 비정상적으로 분열하게 된다. 이렇게 정상적인 세포 주기를 따르지 않는 세포를 암세포라고 한다. 암세포는 끊임없이 분열하면서 주변 조직으로 침범하고 다른 부위로 전이되어 몸을 병들게 한다.

체세포 분열 과정을 살펴보자. 먼저 핵이 분열하여 2개로 되는 핵분열이 일어나고, 이어서 세포질이 나누어지는 세포질 분열 과정이 일어난다. 독일의 생물학자인 월터 플레밍은 처음으로 세포가 분열할 때 염색체가 이동하는 모든 과정을 관찰했다.

염색체는 세포 분열기

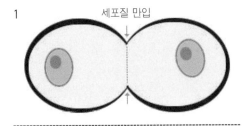

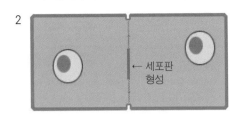

세포질 분열.
1. 동물 세포에서는 세포막이 밖에서 안으로 오므라든다.
2. 식물 세포에서는 세포벽이 세포의 중앙에서 밖으로 향하여 만들어진다.

에만 볼 수 있는 구조로 유전물질이 뭉쳐서 막대 모양을 이룬 것이다. 특정 염색약에 염색되어 현미경으로 관찰할 때 잘 보이기 때문에 염색체라 한다. 세포가 분열하지 않을 때의 염색체는 실 모양의 염색사로 풀어져 있다. 염색사는 DNA로 이루어져 있는데 이 DNA의 정해진 위치마다 생물의 특징을 결정짓는 특정 유전자가 존재한다.

DNA 구조.

체세포가 분열하면 2개의 딸 세포가 생기지만, 염색체의 수에는 변화가 없다. 염색체에는 유전 물질인 DNA가 들어 있어서 어버이의 형질을 자손에게 전해준다.

각각의 세포 속에 들어 있는 염색체의 수는 일정하고 같은 종의 경우에는 염색체의 수가 같다. 그러나 염색체의 수가 같다고 같은 종이라고 말할 수는 없다.

염색체는 모양과 크기가 같은 염색체가 쌍을 이룬 상동염색체로 존재하며 암, 수 공통으로 가지는 **상염색체**와 성을 결정하는 **성염색체**로 나뉜다. 사람은 상염색체 44개와 성염색체 2개로 총 23쌍의 상동염색체를 가지고 있다.

염색체 속에 들어 있는 유전물질인 DNA 연구는 1953년 미국의 생화학자인 왓슨과 영국의 생물학자인 크릭이 DNA의 **이중나선구조**를 밝히면서 비약적으로 발전했다. 그리고 현재는 인간의 모든 DNA 속에 있는 유전자가 어떻게 배열되어 있는지 그 지도를 만들게 되었다. 이로서 인간의 질병 중 유전자의 이상에 의한 질병 연구가 가능해졌다. 그리고 유전자 지도가 만들어지면서 유전자를 조

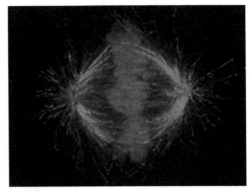
염색체.

작하고 분석하는 기술이 발달했다. 또한 유전자를 조작하거나 재조합해서 유전병을 치료하거나 필요한 물질을 생산할 수 있게 되었다.

뿐만 아니라 인류는 유전자 조작을 통해 농작물과 식품을 개선시켜 병충해에 강하고 영양성분 함량을 높여 세계 인구 증가에 따른 식량 문제를 해결하려 하고 있다. 하지만 유전자가 변형된 농작물과 식품이 어떠한 부작용을 일으킬지에 대한 경고도 나오고 있다.

우리는 생물이 체세포를 분열하여 생장한다는 것을 알아보았다. 그렇다면 생물은 자신의 유전자를 어떻게 다음 세대에게 전달할까?

수컷 사슴들은 커다란 뿔로 다른 수컷과 경쟁하고 수컷 새들은 화려한 몸과 아름다운 목소리로 암컷을 유혹한다. 이처럼 생물들은 짝짓기에 많은 노력을 하고 있다. 자신과 닮은 자손을 만들기 위해서이다. 수많은 생물이 멸종하지 않고 세대를 이어갈 수 있는 건 짝짓기를 통해 자신과 닮은 자손을 계속 낳기 때문이다. 생물이 자신과 닮은 자손을

낳아서 다음 세대로 이어나가는 것을 생식이라고 한다.

생물의 생식은 암수가 구별되어 각각 생식세포를 만드는 유성 생식과 암수 구분이 없어 생식세포를 만들지 않는 무성 생식이 있다.

무성 생식은 암수 구분이 없고 생식세포를 만들지 않기 때문에 그 과정이 간단하다. 그러다 보니 번식 속도가 매우 빨라서 개체가 많이 증가할 수 있다. 하지만 어미와 같은 형질을 가지므로 환경의 변화에 적응하기 어렵다. 환경이 나빠지면 같은 형질을 가진 모든 개체가 다 사라질 수도 있다.

가장 단순한 생식 방법으로는 이분법이 있다. 이분법은 세포 분열이 곧 생식이 되는 생식법으로 2개의 딸세포가 각각 하나의 개체가 된다. 환경이 적당하면 개체수가 급격히 증가할 수 있는데 적조 현상이 좋은 예이다.

효모나 히드라처럼 몸의 한 부분이 혹처럼 부풀어 오르다 떨어져서 새로운 개체가 되는 출아법도 있다. 이 경우, 이분법과 달리 어미는 자식보다 크다.

곰팡이나 버섯은 몸의 일부에서 포자를 만들고, 그 포자가 땅에 떨어져 싹이 터서 새로운 개체로 자라는데 이 생식법을 포자법이라 한다. 포자는 크기가 작아 공기, 토양, 물 속 등

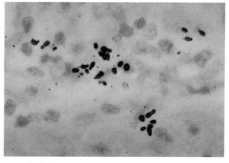

효모의 출아법.

어느 곳에서나 널리 퍼질 수 있다. 환경이 좋지 않은 상태에서도 잘 견디며 적당한 환경이 되면 포자가 싹튼다.

농업 쪽에서 이용하는 영양 생식 방법도 있다. 식물의 생식 기관인 꽃이 아니라 영양 기관인 잎, 줄기, 뿌리로 번식하는 생식법이다.

유성 생식은 암수 구별이 되어 각각 생식세포를 만든 뒤 두 생식세포가 결합하여 자손을 만든다.

동물은 정소에서는 정자를, 난소에서는 난자라는 생식세포를 만든다.

식물은 수술의 꽃밥에서 꽃가루, 암술의 밑씨에서 난세포라는 생식세포를 만든다.

체세포 분열은 염색체의 수에 변화가 없었는데 유성 생식으로 생긴 세포의 염색체 수는 어떻게 될까?

체세포 분열처럼 생식세포가 분열한다면 자손의 염색체 수는 부모 염색체 수의 배로 증가할 것이다. 이 경우 세대 수를 거듭할수록 염색체의 수가 폭발적으로 증가하는 문제가 생긴다. 그래서 생식세포는 체세포와 다른 분열방법으로 세포 분열을 한다.

생식 기관에서 생식세포를 만들 때 일어나는 세포 분열을 감수 분열 또는 생식세포 분열이라고 한다. 이름 그대로 염색체 수를 줄이는 세포 분열이란 뜻이다.

감수 분열은 염색체의 수를 줄이는 제1분열과 염색체의 수는 변하지 않으면서 딸세포의 수를 늘리는 제2분열을 연거푸 하면서 염색체의 수를 줄인다.

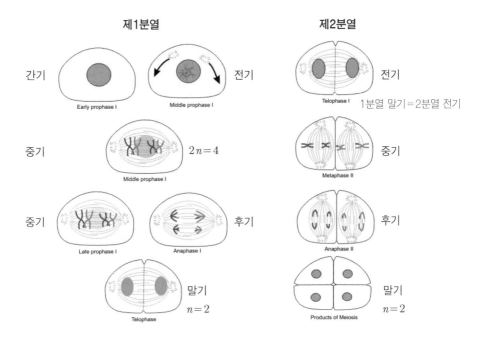

제1분열		제2분열	
간기	Early prophase I		전기 Telophase I

제1분열

간기 — Early prophase I

전기 — Middle prophase I

중기 — Middle prophase I $2n=4$

중기 — Late prophase I

후기 — Anaphase I

말기 — Telophase $n=2$

제2분열

전기 — Telophase I (1분열 말기＝2분열 전기)

중기 — Metaphase II

후기 — Anaphase II

말기 — Products of Meiosis $n=2$

감수 분열.

제1분열 전기: 핵막과 인이 없어지고 2가 염색체 형성
중기: 2가 염색체가 세포 중앙에 배열하고 방추사가 연결
후기: 2가 염색체가 나뉘어져 양 극으로 이동.
말기: 세포질 분열로 2개의 딸세포 형성.

제2분열 전기: 전기 없이 바로 중기로 들어감.
중기: 염색체가 세포 중앙에 배열, 염색체에 방추사가 연결
후기: 각각의 염색 분체가 방추사에 의하여 양극으로 이동
말기: 4개의 딸세포가 만들어짐

앞의 그림과 같은 과정을 거쳐서 염색체의 수를 반으로 줄인 후 두 생식세포가 만나서 하나의 수정란이 되면 염색체의 수가 부모와 같아지게 된다.

생식세포 분열과 체세포 분열을 그림으로 비교해보면 염색체의 수가 달라진 것을 확인할 수 있다.

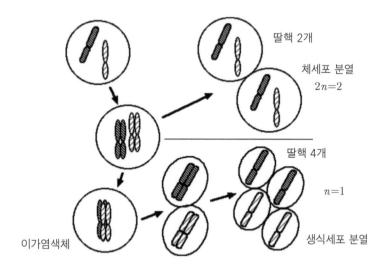

딸핵 2개

체세포 분열
$2n=2$

딸핵 4개

$n=1$

이가염색체

생식세포 분열

체세포 분열과 감수 분열 비교.

생식세포 분열은 체세포 분열보다 염색체의 수가 반으로 줄어든 대신에 딸세포가 2배로 늘어났다. 이렇게 하여 자손 대대로 같은 수의 염색체를 가지게 한다.

암수의 생식세포가 만나서 하나의 수정란이 되는 것을 **수정**, 이 수정란이 세포 분열을 하여 하나의 개체가 되어가는 과정을 **발생**이라고 한다.

계속해서 이번에는 식물과 동물로 나눠서 수정하고 발생하는 과정을 살펴보자.

수정과 발생

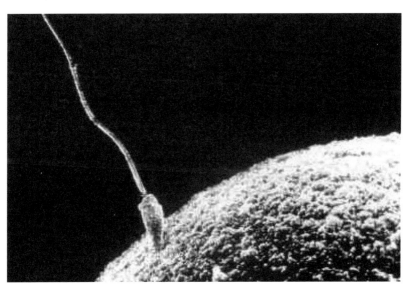

정자와 난자의 수정.

움직일 수 없다면 최대한 주변 환경을 이용해야 한다

초록 꿀벌에 의한 꽃가루받이.

식물은 수술의 꽃가루가 암술의 밑씨와 만나서 수정이 되어야 씨가 만들어진다. 이를 위해서는 먼저 수술의 꽃가루가 암술의 머리에 붙는 **꽃가루받이**과정이 필요하다. 하지만 식물은 자신이 직접 꽃가루를 다른 꽃의 암술머리로 옮길 수 없다. 그래서 주변 환경을 이용한다.

어떤 꽃은 꽃가루받이를 위해 꽃의 생김새를 곤충의 암컷 모양으로 보이도록 해 수컷을 유혹한다.

꽃가루받이 방법에 따른 꽃의 분류

① 충매화: 곤충에 의해 　(예) 민들레, 개나리 등
② 풍매화: 바람에 의해 　(예) 소나무, 벼, 보리, 옥수수 등
③ 조매화: 새에 의해 　　(예) 동백.
④ 수매화: 물에 의해 　　(예) 수련, 물수세미

암술머리에 붙은 꽃가루에서는 꽃가루관을 암술의 씨방까지 내려서 꽃가루 속의 정핵이 씨방 내 밑씨와 만나게 한다.

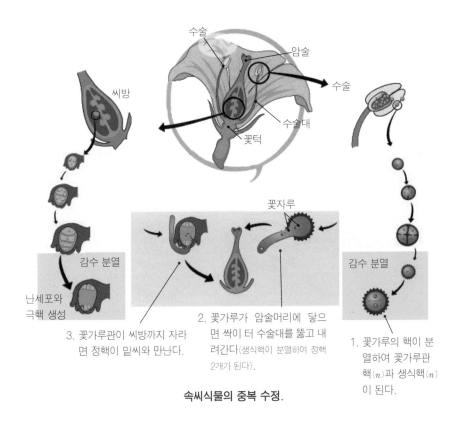

수술

암술

수술

씨방

수술대

꽃턱

감수 분열

꽃자루

감수 분열

난세포와
극핵 생성

3. 꽃가루관이 씨방까지 자라
면 정핵이 밑씨와 만난다.

2. 꽃가루가 암술머리에 닿으
면 싹이 터 수술대를 뚫고 내
려간다(생식핵이 분열하여 정핵
2개가 된다).

1. 꽃가루의 핵이 분
열하여 꽃가루관
핵(n)과 생식핵(n)
이 된다.

속씨식물의 중복 수정.

꽃가루관이 밑씨에 도달하면 꽃가루관핵은 없어지고, 2개의 정핵이
밑씨 쪽으로 들어가 수정한다. 한 개의 정핵(n)은 밑씨의 난세포(n)와
수정하여 배($2n$)를 형성하고, 다른 한 개의 정핵(n)은 극핵 2개와 수
정하여 배젖($3n$)을 만든다. 속씨식물에서는 이처럼 두 번에 걸쳐 수정
이 이루어지는데 이것을 중복 수정이라 한다. 밑씨는 자라서 씨가 되며

밑씨를 둘러싼 씨방은 열매가 된다. 그리고 씨의 배는 자라서 어린 식물이 되고, 배젖은 어린 식물이 자랄 때 양분으로 쓰인다.

동물의 수정 과정은 훨씬 간단하다. 암컷과 수컷이 교미를 하면 수컷의 정자가 암컷의 체내로 들어간다. 체외 수정을 하는 경우에는 암컷이 낳은 알에 수컷이 정자를 뿌려서 정자가 알로 들어간다.

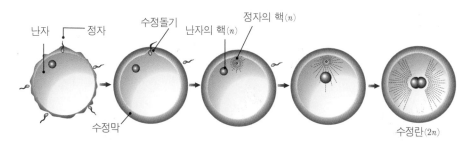

동물의 수정 과정.

한 개의 난자에 많은 정자가 접근하지만, 보통 단 1개의 정자만이 난자 속으로 들어간다. 가장 먼저 도착한 정자에게 난자는 수정돌기를 만들어 정자의 머리 부분과 연결한다. 이때 난자 표면에는 수정막이 생겨 다른 정자의 침입을 막는다. 정자의 머리 부분에서 핵이 난자로 들어오면 난자의 핵(n)과 정자의 핵(n)이 합쳐진다. 이렇게 수정이 끝난 난자를 **수정란**($2n$)이라고 한다.

정자와 난자는 어디에서 만들어질까?

남성의 정자는 정소에서 만들어지는 데 한 번 사정할 때 약 3억 개 정도가 배출된다. 이 중 100만 개 정도가 난자가 있는 곳까지 갈 수 있으며 여성의 생식기 내에서 보통 2~3일 정도 살 수 있다.

난자는 양쪽 난소에서 28일을 주기로 번갈아가며 1개씩 성숙되어 나온다. 난소에서 난자가 성숙하여 나오는 과정을 **배란**이라고 한다. 배란된 난자는 수란관 안에서 18~24시간 정도 살 수 있는데 이때 정자를 만나지 못하면 두꺼워진 자궁 내막과 함께 밖으로 배출된다. 이 현상을 **월경**이라고 한다. 정자가 수란관 윗부분에서 난자와 만나면 수정이 이루어지며 수정이 된 난자를 **수정란**이라고 한다.

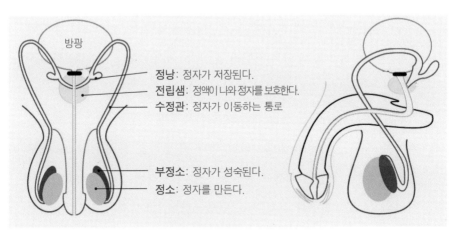

남성의 생식 기관.

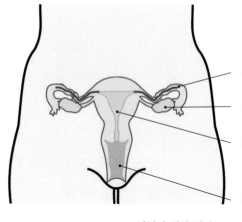

수란관: 난자가 지나가는 길.
　　　　난소와 자궁을 이어줌.
난소: 한 달에 한 개의 난자를
　　　성숙시켜 배란한다.
자궁: 아기가 자라는 방

질: 정자가 들어오는 길

여성의 생식 기관.

　어디에서 수정이 이루어지느냐에 따라서 **체내 수정**과 **체외 수정**으로 나눈다. 파충류, 조류, 포유류, 곤충류와 같이 암컷의 몸속에서 수정이 이루어지는 경우를 체내 수정, 어류, 양서류와 같이 물속에서 수정이 이루어지는 경우를 체외 수정이라고 한다. 체외 수정은 수정될 확률이 낮으므로 난지와 정자를 많이 생산한다.

　수정란이 체세포 분열을 계속하면서 조직과 기관을 만들며 새로운 개체로 자라는 과정을 **발생**이라고 한다. 수정란은 수정 후 바로 세포 분열을 한다. 수정란의 세포 분열을 난할이라 하며, 난할로 생긴 하나하나의 세포를 할구라고 한다. 그런데 난할은 염색체의 수가 $2n$이란 공통점을 빼면 체세포 분열과 다르다. 분열 속도가 빠르고 생장기가 없이 계속 분열하다 보니 체세포 분열과 달리 세포의 크기는 점점 작아진다.

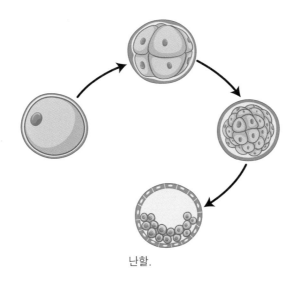

난할.

수정란은 난할을 하면서 자궁으로 내려가기 시작해 수정 후 3~4일 뒤에는 자궁에 도달하고 5~7일째에 자궁 내막에 착상하게 된다. 이렇게 착상이 되어야만 임신이라고 한다. 착상된 수정란은 자궁벽에 붙어 엄마로부터 영양을 공급받아 태아로 성장한다.

하나의 수정란이 두 개 이상으로 나누어져 각각 자라면 일란성 쌍둥이가 태어나고 두 개 이상의 난자가 한꺼번에 배란되어 각각 다른 정자와 수정되어 자라면 이란성 쌍둥이가 태어난다.

임신이 되면 자궁 점막과 젖샘을 발달시키고, 태반 형성을 촉진시키는 프로게스테론이 다량 분비된다. 태아는 탯줄로 태반과 연결되어 필요한 산소와 양분을 받고 노폐물과 이산화 탄소를 내보낸다.

임신 8주 정도부터 태아라고 부르며 이때 대부분의 기관이 형성되므로 약물 복용, 흡연, 음주 등을 주의해야 한다. 그렇지 않을 경우 태아의 성장을 방해해 정상적이지 못한 아이가 태어날 수도 있다.

수정 후 266일 정도 지나면 태아가 완전히 성장하여 엄마의 뇌에 나가고 싶다는 신호를 보내게 된다. 신호를 받은 엄마의 몸은 옥시토신이 분비되어 자궁을 수축시켜서 태아가 밖으로 나오게 되고 프로락틴에 의해 젖분비가 촉진된다.

이렇게 출산을 통해 나온 아기는 성장해서 어른이 되고 노화 과정을 지나며 삶을 마감한다. 성장은 세포가 분열하면서 그 수와 크기가 커지고 몸의 기관들이 복잡한 기능을 가지는 과정이다. 노화는 성장이 멈추고 나이가 들면서 몸의 구조와 기능이 점점 떨어지면서 죽음에 이르는 과정이다.

염색체는 유전정보뿐 아니라 노화에 대한 비밀도 가지고 있다. 세포는 분열하는 횟수가 정해져 있다. 그리고 세포가 분열하면서 염색체의 끝부분이 조금씩 짧아지는데 이 부분의 길이로 세포의 수명을 가늠해볼 수 있다. 이와 관련해서 노화나 수명 연장에 대한 연구가 진행되고 있다.

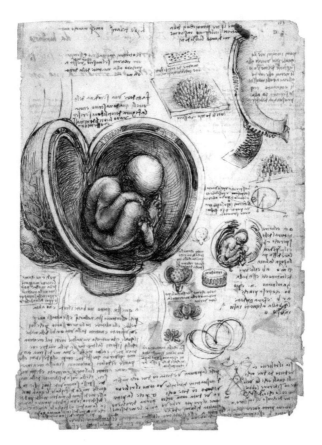

레오나르도 다빈치가 그린 태아 그림.

유전과 진화

부모님과 나는 왜 이렇게 닮았을까?

《발가락이 닮았다》라는 김동인의 단편소설에는 아기와 닮은 부분을 찾으려는 남자의 모습이 나온다. 부모님의 어릴 적 사진과 나의 어릴 적 사진을 보면 꽤 많이 비슷하다. 물론 지금 내 모습을 살펴보아도 부모님과 닮은 부분이 많이 보인다. 겉모습뿐만 아니라 성격이나 기질, 식성, 혈액형까지 비슷하다. 오죽하면 '씨도둑은 못한다'는 말이 있을까.

부모님과 나는 어떻게 닮게 된 걸까?

키, 눈동자색, 머리카락 색 등의 겉모습이나 목소리, 혈액형 같이 생물이 가지고 있는 특징을 형질이라 한다. 이러한 형질이 부모로부터 자식에게 전달되어 자식이 부모와 닮는 현상을 유전이라 한다.

형질은 유전자에 따라 결정된다. 염색체 속 DNA에 있는 유전자에 따라 우리 몸을 구성하는 여러 가지 단백질이 만들어지는 데 이 단백질이 모여서 형질을 결정한다.

생식세포 분열을 통해 만들어진 정자와 난자에는 부모의 염색체가 각각 들어 있다. 정자와 난자가 수정하면서 두 핵이 결합하는 과정에서 아버지와 어머니로부터 물려 받은 유전자가 자식의 세포에 들어가게 되는 것이다. 이 유전자를 통해서 형질이 발현되기 때문에 자식은 아버지와 어머니의 형질을 여러 부분에서 닮게 된다.

유전에도 원리가 있다.

'콩 심은 데 콩 나고 팥 심은 데 팥 난다'라는 속담이 있다. 심은 데로 거둔다는 이 속담이 만들어진 것으로 보아 옛날부터 사람들은 자식이 부모를 닮는다는 사실을 알고 있었다. 하지만 어떻게 유전되는지는 알지 못했다.

19세기 중반 오스트리아의 과학자이자 수도사인 멘델은 실험을 통해 유전에 대해 밝혀냈다.

멘델은 완두를 재배하면서 여러 가지 실험을 했다.

완두는 꽃의 색이나 씨의 모양, 키 등 고유의 형질을 가지고 있는데 자주색 꽃과 흰색 꽃, 둥근 완두콩과 주름진 완두콩처럼 개체마다 형질이 다르게 나타난다. 이렇게 하나의 형질에 대해 뚜렷하게 구별되는 특징을 대립 형질이라고 한다. 완두는 대립 형질이 뚜렷이 나타나고 한 세대가 짧고 한 번에 많은 자손을 얻을 수 있다. 게다가 자가 수분을 통해 순종 개체를 얻기 쉽고 잘 자라서 유전 연구를 하기에 적합한 재료이다.

멘델이 자주색 꽃만 피는 순종 완두와 흰색 꽃만 피는 순종 완두를 교배했더니 자주색 꽃이 피는 완두만 나타났다. 잡종 1대에서는 대립 형질 중 하나의 형질만 드러난 것이다. 잡종 1대에서 드러나는 형질을 우성 형질이라 하고, 드러나지 않는 형질을 열성 형질이라 한다.

자주색 꽃이 피는 잡종 1대를 자가 수분하여 얻은 잡종 2대에서는 자주색 꽃과 흰색 꽃이 약 3 : 1의 비율로 나타났다. 한 형질을 결정짓는 유전인자가 생식세포 분열 시에 2개로 분리되어 각각의 생식세포로 전달된 것이다. 멘델은 이를 분리의 법칙이라고 했는데 실제로 상동염색체에는 같은 위치에 한 형질을 결정하는 유전자가 있다. 이 두 유전자를 대립유전자라고 한다. 대립유전자를 표현할 때 우성 유전자는 대문자로, 열성 유전자는 소문자로 나타낸다.

자주색처럼 겉으로 드러나는 형질을 표현형이라고 하고 대립유전자의 구성을 기호로 나타낸 것을 유전자형이라고 한다.

부모의 대립유전자는 하나씩 각 생식세포로 들어가고 이 생식세포가 만나서 자손을 만든다. 자손의 대립유전자 중 하나의 형질만 발현되기 때문에 어떤 부분은 어머니를 닮고 어떤 부분은 아버지를 닮게 된다. 그런데 어떤 부분은 어머니와 아버지를 섞은 듯이 닮는다.

이렇게 우성과 열성이 뚜렷하게 구분되지 않는 유전을 중간 유전이

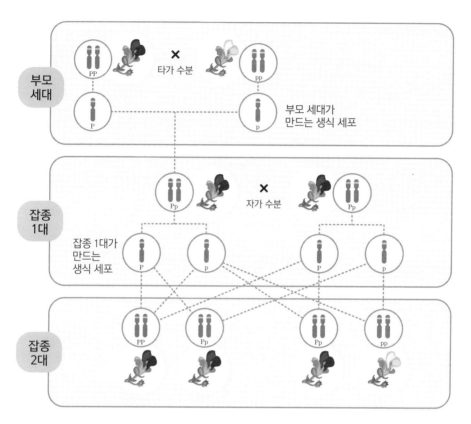

완두 꽃 색의 유전과 분리법칙.

라고 한다. 대립유전자 사이에 우열 관계가 뚜렷하지 않아서 두 대립 형질의 중간 형질이 나타나는 유전 현상이다

이것은 독일의 과학자인 코렌스의 분꽃 교배 실험에서 밝혀졌다. 붉은색 분꽃과 흰색 분꽃을 교배했더니 분홍색 꽃이 나타났다. 이 분홍색 꽃을 자가수분하니 붉은색 꽃과 분홍색 꽃과 흰색 꽃이 모두 나타

났다.

이처럼 실제 생물의 다양한 유전 현상에는 우성과 열성이 뚜렷이 구별되지 않을 때가 많다.

그렇다면 두 가지 형질이 함께 유전될 경우 어떻게 될까?

멘델은 완두콩의 모양과 색깔을 동시에 실험해보았다. 둥글고 황색인 완두콩과 주름지고 녹색인 완두콩을 교배하니 잡종 1대에서는 둥글고 황색인 완두콩이 나왔다. 여기서 둥근 유전자와 황색인 유전자가 주름진 유전자와 녹색 유전자에 대해 우성임을 알 수 있다. 잡종 1대인 둥글고 황색인 완두콩을 자가수분하니 잡종 2대에서는 둥글고 황색인 완두콩과 둥글고 녹색인 완두콩, 주름지고 황색인 완두콩과 주름지고 녹색인 완두콩이 각각 9:3:3:1로 나타났다. 한 형질에 대한 표현형으로 살펴보면 각각 3:1로 서로 독립적으로 형질이 유전된다는 걸 알 수 있다. 즉 두 쌍 이상의 대립 형질이 함께 유전될 때 각각의 형질은 다른 형질의 유전에 영향을 주시 않고 독립적으로 유전되는 것이다. 이를 독립의 법칙이라 한다.

사람의 유전은 어떻게 알 수 있을까?

사람은 인위적으로 교배할 수가 없고 자손의 수가 적고 한 세대가 길기 때문에 완두콩처럼 실험을 통해 알아볼 수가 없다. 게다가 대립 형질이 뚜렷하지 않은 경우도 많다. 그래서 가계도를 조사하거나 쌍둥이를 연구하거나 염색체 및 유전자 분석을 이용하여 연구한다. 그리고 과학 기술의 발달로 사람의 염색체와 유전자를 직접 분석하면서 염색체 이상에 따라 나타나는 유전병의 원인을 알 수 있다.

사람의 유전에 대해 알아보자

유전병인 색맹이나 혈우병은 여자보다 남자에게 나타나는 비율이 높다. 어째서 색맹이나 혈우병 같은 유전병이 여자보다 남자가 더 높게 나타날까?

이유는 형질을 결정하는 유전자가 성염색체인 X염색체에 있기 때문이다. 그에 비해 PTC 용액의 쓴맛을 느끼지 못하는 미맹은 남녀에 따른 차이가 나타나지 않는데 미맹 유전자가 상염색체에 있기 때문이다.

여자는 X염색체가 2개인데 하나의 X염색체가 색맹이나 혈우병 유전자가 있어도 다른 정상인 X염색체가 우성으로 작용하기 때문에 정상이다. 하지만 X염색체가 하나인 남자는 X염색체가 색맹이나 혈우병 유전자를 가지고 있으면 바로 색맹이나 혈우병이 발현된다. 이렇게 형질을 결정하는 염색체가 X염색체에 있어서 남녀에 따라 형질이 나타나는 비율이 다른 유전 현상을 반성 유전이라고 한다.

ABO식 혈액형을 살펴보자. A형과 B형은 O형에 대해 우성이다. 하지만 A형과 B형은 서로 우열의 차이가 없다. 그래서 표현형으로 A형과 B형, O형, AB형이 나올 수 있다. ABO 혈액형처럼 3개의 유전자가 2개의 대립유전자 자리를 차지하려는 현상을 복대립 유전이라고 한다.

예를 들어 A형과 B형이 결혼할 경우 나올 수 있는 아이의 혈액형은
A형과 B형, O형, AB형 모두 가능하다. 물론 부모의 유전자형이 AO,
BO인 경우에 한해서다.

같은 종의 생물 개체 사
이에 서로 다르게 나타나
는 특성을 변이라 하는
데 부모에게 없었던 새로
운 형질이 갑자기 자식에
게 나타나서 그 형질이 유
전되는 현상을 돌연변이라
한다. 돌연변이가 나타나
면 집단의 유전적 변이가
증가한다. 그러면서 서로
다른 환경에 놓이게 되면
진화를 거쳐 서로 다른 종
으로 분화한다.

생물이 여러 세대를 거
치면서 환경에 맞춰서 점

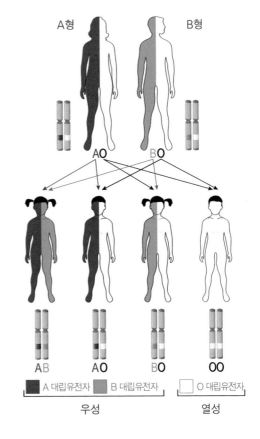

진적으로 변화하는 것을 진화라고 한다. 생물은 환경 변화에 맞춰 끊
임없이 변화하면서 점점 더 복잡하고 다양해졌다.

제**4**장

사람

우리 몸에서는
어떤 일이 일어나고 있을까?

우리가 건강하게 살아가기 위해서는 몸에 필요한 영양소를 음식물로부터 분해하여 흡수하는 소화과정, 영양소와 산소를 모든 세포로 보내주는 순환과정, 산소를 세포에 공급하는 호흡과정, 불필요한 노폐물을 몸 밖으로 내보내는 배설과정이 원활하게 이루어져야 한다.

또한 몸으로 들어오는 자극을 받아들이는 감각 기관과 이 자극을 판단하고 반응하도록 지시하는 신경계가 일사분란하게 역할을 해야 우리 몸이 항상 일정한 상태를 유지하면서 살아갈 수 있다.

먹어야 산다 - 소화

하루 중 가장 행복한 순간은 언제일까? 사람마다 다양하겠지만 공통적으로 몸이 기뻐하는 순간은 먹는 순간일 것이다. 먹는다는 건 몸

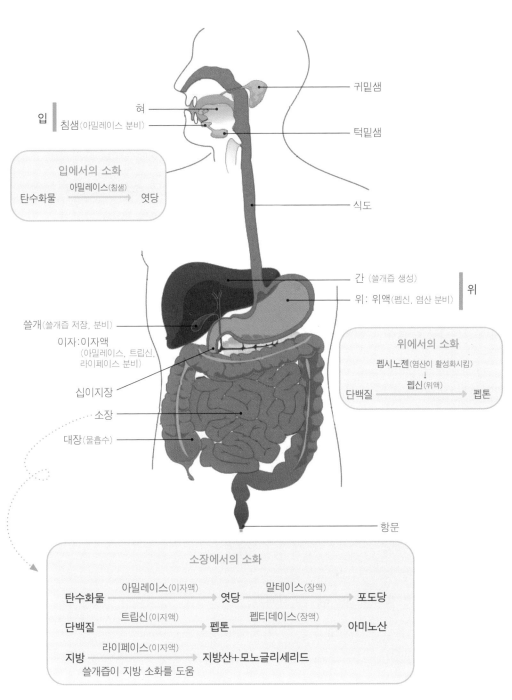

귀밑샘

입
　혀
　침샘(아밀레이스 분비)

턱밑샘

입에서의 소화

탄수화물 ──아밀레이스(침샘)──> 엿당

식도

간 (쓸개즙 생성)

위: 위액(펩신, 염산 분비)

위

쓸개(쓸개즙 저장, 분비)

이자:이자액
　(아밀레이스, 트립신,
　라이페이스 분비)

위에서의 소화

펩시노젠(염산이 활성화시킴)
↓
단백질 ──펩신(위액)──> 펩톤

십이지장

소장

대장(물흡수)

항문

소장에서의 소화

탄수화물 ──아밀레이스(이자액)──> 엿당 ──말테이스(장액)──> 포도당

단백질 ──트립신(이자액)──> 펩톤 ──펩티데이스(장액)──> 아미노산

지방 ──라이페이스(이자액)──> 지방산+모노글리세리드
　　쓸개즙이 지방 소화를 도움

사람의 소화 과정.

에 필요한 양분을 공급하기 위해 중요한 행위이다. 잘 먹고 잘 싸는 건 건강의 지름길이라 할 수 있다.

하지만 입으로 들어왔다고 해서 다 몸에 흡수되는 것은 아니다. 우리가 먹은 음식물은 몸 안으로 흡수되기에는 너무 크기 때문에 몸 안에서 흡수하기 쉽게 작은 형태로 분해해야 하는데 이 과정을 소화라고 한다.

소화 과정에 대한 연구는 쉽지 않았다. 1785년 이탈리아의 과학자 스팔란차니는 음식물의 소화 과정을 알아보기 위해 동물과 자신을 실험 대상으로 해서 고기를 녹이는 소화를 관찰했다. 1822년 의사인 보몬트는 총상을 입은 환자의 위에 구멍이 뚫린 것을 보고 그 구멍에 음식물을 넣어 보거나 위액을 채취하여 위에서의 소화를 실험했다

소화 기능을 담당하는 기관계는 소화계이다. 소화계는 입, 식도, 위, 소장, 대장, 간, 쓸개, 이자 등의 소화 기관으로 이루어져 있다. 음식물은 앞에 그림처럼 여러 소화 기관을 거치면서 영양소로 분해된다.

여러 소화 기관을 지나면서 분해된 영양소는 소장을 지나가면서 몸 안으로 흡수된다. 소장은 지름 3㎝, 길이 5~7m의 가늘고 긴 관으로, 소장의 안쪽 벽에는 많은 주름이 있다. 주름 표면에는 수많은 융털이 있다. 이 구조는 식물의 뿌리털처럼 영양소와 만나는 표면적을 넓혀서 영양소를 효율적으로 흡수할 수 있다.

이렇게 **흡수된** 영양소는 혈관과 림프관을 따라 심장으로 이동한 후 심장의 펌프질을 통해서 온 몸의 세포로 공급이 된다.

흡수된 영양소는 여러 가지로 이용되는데, 포도당은 일부는 간에서

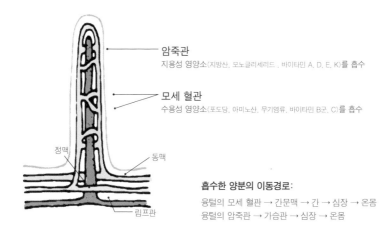

암죽관
지용성 영양소(지방산, 모노글리세리드 , 바이타민 A, D, E, K)를 흡수

모세 혈관
수용성 영양소(포도당, 아미노산, 무기염류, 바이타민 B군, C)를 흡수

정맥

동맥

림프관

흡수한 양분의 이동경로:

융털의 모세 혈관 → 간문맥 → 간 → 심장 → 온몸
융털의 암죽관 → 가슴관 → 심장 → 온몸

글리코젠으로 저장되고, 나머지는 온 몸으로 운반되어 에너지원으로
쓰인다. 아미노산은 세포에서 다시 단백질로 합성되어 세포 원형질의

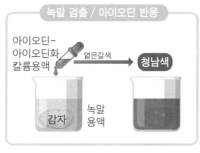

녹말 검출 / 아이오딘 반응

아이오딘-
아이오딘화
칼륨용액 　옅은갈색 → 청남색

감자　녹말
용액

포도당 검출 / 베네딕트 반응

베네딕트
용액 　청색 → 황적색

포도　포도당
용액

단백질 검출 / 뷰렛 반응

5%수산화
나트륨
수용액 　1%황산구리(Ⅱ) 수용액
　청색 → 보라색

고기　단백질
용액

지방 검출 / 수단 Ⅲ 반응

수단 Ⅲ
용액 　빨간색 → 선홍색

지방
땅콩　증류수

음식물 속 영양소 검출 방법.

재료가 되거나 에너지원으로 이용된다. 지방산, 모노글리세리드는 암 죽관에서 다시 지방으로 합성되어 온 몸으로 운반된 후 에너지원으로 쓰이거나 피부 밑에 저장되어 체온을 유지한다.

소장에서 영양소가 흡수되고 남은 물질은 대장으로 가고 대장에서 는 주로 물을 흡수하고 나머지 물질은 항문을 통해 몸 밖으로 나간다.

음식물 속에 있는 영양소는 우리 몸을 구성하거나 생명 활동에 필요 한 에너지로 사용되는데 이런 영양소들이 어느 음식물에 들어 있는지 궁금하다면 영양소 검출 실험을 통해서 알아낼 수 있다.

영양소에는 어떤 종류가 있고 어떤 기능을 하는지는 아래 표를 참 고하도록 하자.

영양소의 종류와 기능

구분	종류	기능	특징
3대 영양소	탄수화물	주된 에너지원 (약 4kcal/g) 몸의 구성 성분.	사용하고 남은 것은 글리코젠 이나 지방 형태로 저장.
	단백질	에너지원 (약 4kcal/g) 몸의 주요 구성 성분.	피부, 머리카락, 근육 등 구성. 성장기에 많이 필요.
	지방	에너지원 (약 9kcal/g).	몸의 구성 성분 세포막 구성.
부영양소	바이타민	몸의 구성성분은 아니지만 적은 양으로 생리기능 조절.	부족하면 결핍증이 생긴다.
	무기염류	뼈, 이 등 구성 여러 가지 생리기능 조절.	부족하면 결핍증이 생긴다.
	물	영양소와 노폐물, 이산화 탄소 등 운반. 체온과 생리 기능 조절.	우리 몸 구성 성분 중 가장 많 은 양 차지(약 66%).

하루 종일 돌고 돌고 또 돌고

사람이 의식을 잃고 쓰러져 호흡이나 심장 박동이 멈췄을 때 바로 심폐소생술을 실시하면 생존율이 약 4배 높아진다. 혈액이 4~5분만 공급이 안 되어도 뇌는 심각하게 손상되기 때문이다. 혈액에는 온몸에서 필요로 하는 영양소와 산소가 들어 있다. 생명을 유지하기 위해서는 혈액이 온몸의 세포로 영양소와 산소를 끊임없이 운반해야 한다. 이렇게 몸속에서 물질을 운반하는 기능을 담당하는 기관계는 순환계로, 심장, 혈관, 혈액이 순환기관이다.

로마 시대의 유명한 의학자 갈레노스는 간에서 혈액이 만들어져서 말단기관으로 흘러간 후 사라진다고 생각했다. 1300년간이나 지배했던 혈액에 대한 갈레노스의 생각이 틀렸다는 것을 증명한 사람은 윌리엄 하비이다. 만들어져서 사라지기에는 몸 안에 있는 혈액의 양이 적다고 느낀 하비는 정맥에 판막이 존재하는 것을 알게 되자 혈액이 순환한다고 생각했다. 결국 하비는 심장을 통해서 혈액이 계속 순환한다는 사실을 밝혀냈다.

혈액은 혈장과 혈구로 나눌 수 있다. 혈장은 약 90%가 물인 혈액의 액체성분으로 영양소, 노폐물, 이산화탄소, 호르몬 등을 운반하며 체온을 유지한다. 혈구는

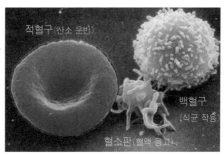

적혈구(산소 운반)
백혈구 (식균 작용)
혈소판(혈액 응고)

혈구.

혈액의 세포 성분으로 적혈구, 백혈구, 혈소판이 있다. 그리고 혈액이 붉은색을 띠는 것은 적혈구의 헤모글로빈 때문이다.

인간의 심장은 2개의 심방과 2개의 심실로 이루어졌다. 심방과 심실 사이, 심실과 동맥 사이에는 판막이 있어서 혈액이 거꾸로 흐르는 것을 막아준다.

혈액은 심방으로 들어와서 심실로 이동한 후 혈관을 따라 다른 기관으로 흘러간다. 심장 박동은 심방과 심실이 규칙적으로 수축, 이완하는 운동으로 혈액을 온몸으로 순환시킨다. 운동을 하게 되면 에너지가 많이 필요하기 때문에 근육은 산소와 영양소를 많이 사용하게 된다. 그

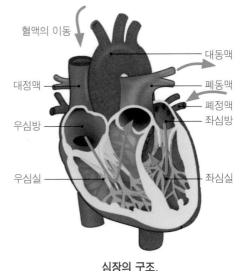

심장의 구조.

에 따라 이산화 탄소도 발생하게 되므로 빠른 시간 내에 근육에 산소와 영양소를 공급하고 이산화 탄소를 폐로 보내기 위해 심장박동이 빨라진다.

혈액이 흐르는 관을 혈관이라 하는데 심장에서 나오는 혈액이 흐르는 두껍고 탄력 있는 **동맥**과 심장으로 들어오는 혈액이 흐르는 얇고 탄

력성이 적으면서 곳곳에 판막이 존재하는 정맥 그리고 동맥과 정맥을 연결하며 온 몸에 그물처럼 퍼져 있는 가느다란 모세 혈관이 있다.

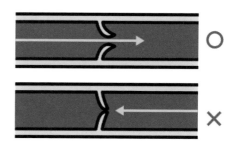

정맥의 판막.
혈액이 거꾸로 흐르지 못하도록 한다.

모세 혈관은 한 겹의 세포층으로 되어 있고 혈액이 천천히 흐르기 때문에 조직세포와 혈액 사이에 물질 교환이 일어난다. 혈액이 산소와 영양소를 조직세포에 주고 조직세포의 이산화 탄소와 노폐물을 받는다.

몸에 있는 혈관을 모두 연결하면 그 길이가 96,500km로, 지구를 두 바퀴 돌고도 남을 정도이다.

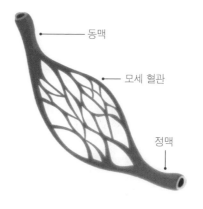

동맥

모세 혈관

정맥

동맥과 정맥을 연결하는 모세 혈관.

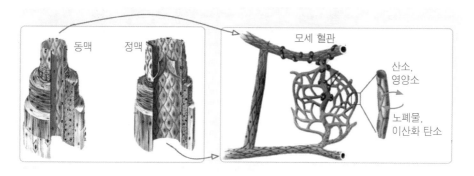

동맥   정맥

모세 혈관

산소, 영양소

노폐물, 이산화 탄소

혈액은 우심실이 수축하면서 폐동맥을 따라 폐로 가서 산소를 받는
대신 이산화 탄소를 버린 뒤 폐정맥을 따라 좌심방으로 돌아온다(폐순
환). 그리고 다시 좌심실이 수축하면서 대동맥을 따라 온몸으로 가서
조직세포에 산소와 영양소를 주고 이산화 탄소와 노폐물을 받아서 대
정맥을 따라 우심방으로 되돌아온다(체순환).

심장은 쉼없이 펌프질을 하면서 혈액이 온 몸에 필요한 영양소와 산
소를 공급하고 불필요한 노폐물과 이산화 탄소를 운반하도록 만든다.
혈관은 온몸 구석구석까지 연결되어 모든 물질을 운반한다.

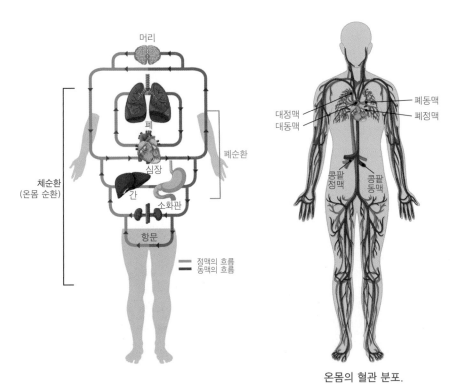

온몸의 혈관 분포.

호흡

호흡이라고 하면 보통 외부에서 폐로 공기가 들어왔다가 나가는 걸 떠올린다. 하지만 엄밀히 말해서 호흡이란 산소를 이용하여 영양소를 분해해 생활에 필요한 에너지를 얻는 과정을 말한다.

호흡을 통해서 얻은 에너지는 대부분 체온을 유지하는 데 사용한다. 그리고 나머지는 근육을 움직이거나 음식물의 소화, 배설 등 여러 가지 생명활동에 사용한다.

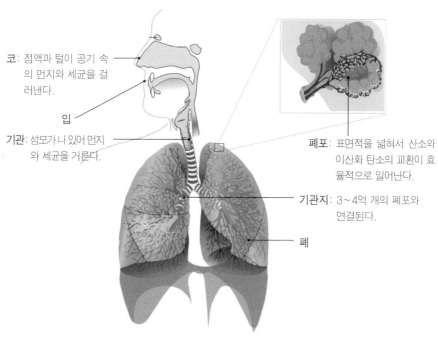

코: 점액과 털이 공기 속의 먼지와 세균을 걸러낸다.

입

기관: 섬모가 나 있어 먼지와 세균을 거른다.

폐포: 표면적을 넓혀서 산소와 이산화 탄소의 교환이 효율적으로 일어난다.

기관지: 3~4억 개의 폐포와 연결된다.

폐

사람의 호흡 기관.

산소를 이용하여 영양소를 분해해 에너지를 얻는다는 점에서 호흡은, 산소를 이용하여 연료를 분해해 에너지를 얻는 과정인 연소와 비슷하다. 차이점은 호흡은 낮은 온도에서 천천히 진행되고 연소는 높은 온도에서 빨리 진행된다는 점이다.

사람의 호흡은 호흡계가 담당한다. 숨을 들이마시면 공기가 호흡 기관인 코, 기관, 기관지를 지나 폐로 들어간다. 폐는 작은 공기주머니인 폐포로 되어 있다. 수많은 폐포가 모여 폐를 이루기 때문에 폐는 공기와 닿는 표면적을 넓혀서 기체교환이 효율적으로 이루어질 수 있다.

숨을 들이쉬고 내쉬는 것은 흉강의 부피를 조절해서 이루어진다. 그런데 폐는 근육이 없어서 스스로 움직이지 못하기 때문에 숨을 쉴 때 갈비뼈와 가로막이 서로 움직이며 흉강의 부피를 조절한다.

숨을 들이쉴 때 갈비뼈가 올라가고 가로막이 내려가면서 흉강이 넓어지면 흉강의 압력이 낮아지면서 바깥의 공기가 폐로 들어온다.

숨을 내쉴 때는 갈비뼈가 내려가고 가로막이 올라가면서 흉강이 좁아져 흉강의 압력이 높아진다. 그러면 폐 안의 공기가 바깥으로 나간다.

폐포와 모세 혈관 사이에서 일어나는 가스 교환을 **외호흡**, 조직세포와 모세 혈관 사이에서 일어나는 가스교환을 **내호흡**이라고 한다. 가스 교환 시 기체는 기체가 많은 쪽에서 적은 쪽으로 확산에 의해 이동한다.

외호흡과 내호흡

외호흡		내호흡	
폐포 →산소→ 이산화 탄소← 모세 혈관		모세 혈관 →산소→ 이산화 탄소← 조직세포	
폐포에 산소가 많고 모세 혈관에 이산화 탄소가 많다.		모세 혈관에 산소가 많고 조직세포에 이산화 탄소가 많다.	

호흡을 참으면 어떻게 될까?

산소가 5분만 뇌에 공급되지 않으면 뇌는 치명적인 손상을 입으며 그보다 더 오래 참으면 죽게 된다. 호흡은 온 몸의 조직 세포에 산소를 전달해줘서 각 세포들이 영양소를 분해해서 얻은 에너지로 각자의 역할을 하게 해준다. 그렇기 때문에 호흡이 제대로 이루어지지 않으면 몸의 각 부분이 제대로 일을 할 수가 없어서 병이 나거나 죽게 된다.

일산화 탄소는 산소보다 헤모글로빈과 결합을 더 잘한다. 그래서 가스 중독으로 사람이 죽기도 한다.

담배를 피우는 건 산소 대신 일산화 탄소를 들이마시는 것이다. 담배 속 타르는 발암 물질이 들어 있고 니코틴은 모세 혈관을 수축시켜 혈압을 상승시킨다. 특히 호흡 기관에 다양한 질병을 일으키고 심장과 위에도 나쁜 영향을 준다. 무엇보다 임산부가 담배를 피우면 저체중이나 미숙아 출산 확률이 높고 유산이나 조산 위험성이 증가한다. 청소

년이 담배를 피울 경우 아직 폐의 발달이 완전하지 않아 성인보다 폐암에 걸릴 확률이 더 높다.

배설

세포 호흡의 결과로 만들어진 물과 이산화 탄소, 암모니아 등의 노폐물을 몸 밖으로 내보내는 과정을 배설이라고 한다.

배설은 배설계에서 담당하는데 배설기관은 콩팥, 오줌관, 방광, 요도이다.

노폐물이 배설되지 않고 몸속에 그대로 남아 있으면 몸에 여러 가지 병이 생긴다. 따라서 노폐물과

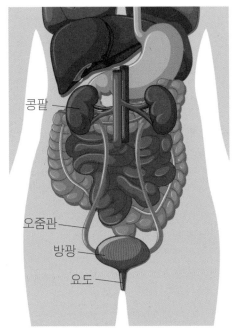

사람의 배설 기관.

남아도는 무기 염류를 내보내 몸의 상태를 일정하게 유지시켜야 한다.

탄수화물과 지방을 분해하면 이산화 탄소와 물이 생기고 단백질을 분해하면 이산화 탄소와 물 외에 암모니아가 생성된다.

이때 생성된 이산화 탄소는 폐에서 가스 교환으로 배출된다. 물은

대부분 콩팥에서 오줌으로 배설되거나, 땀샘에서 땀으로 걸러져 배출된다. 암모니아는 물에 잘 녹는 유독성 물질이므로 간에서 독성이 적은 요소로 바뀌고, 혈액에 의해 콩팥으로 운반된 후 오줌으로 걸러져 체외로 배출된다. 우리가 섭취한 무기 염류는 몸 안에서 이용되고 남으면 오줌이나 땀으로 배출된다.

콩팥에서 혈액 속의 노폐물을 걸러서 오줌을 만들면 오줌관을 거쳐서 방광으로 보낸다. 방광은 오줌을 저장했다가 요도를 통해서 밖으로 배출한다.

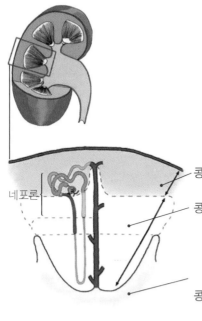

네프론

콩팥 겉질: 콩팥의 겉부분으로 수많은 말피기소체가 분포.
콩팥 속질: 세뇨관이 있으며, 보먼주머니에 연결되어 집합관을 통해 콩팥 깔때기로 이어진다. 세뇨관은 많은 모세 혈관과 얽혀 있어 재흡수, 분비가 일어난다.
콩팥 깔때기: 오줌을 모았다가 오줌관으로 보낸다.

콩팥.

콩팥의 구조적, 기능적 기본 단위를 네프론이라고 하는데 사구체와 보먼주머니, 세뇨관을 합쳐서 말한다.

사구체와 보먼주머니는 이탈리아의 과학자 말피기가 발견하여 말피기소체라고 부른다. 말피기소체에서는 오줌의 성분을 걸러내는 여과가 일어난다. 사구체 혈액 속에 있는 물과 포도당, 요소 등이 높은 혈압에 의해 보먼주머니로 빠져 나가고 덩치가 큰 단백질과 혈구는 혈관벽을 빠져나가지 못한다. 여과된 액체 속에 들어 있는 포도당, 무기염류 등은 세뇨관을 지나면서 세뇨관을 둘러싼 모세 혈관으로 재흡수

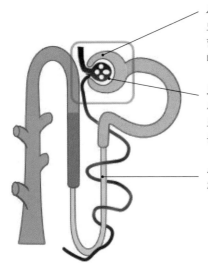

사구체
모세 혈관이 실처럼 뭉친 덩어리. 높은 혈압으로 혈액 속의 노폐물이 보먼주머니로 걸러진다.

보먼주머니
사구체를 둘러싼 주머니, 한 층의 세포로 되어 있으며 사구체에서 걸러진 원뇨를 받아 세뇨관으로 보낸다.

세뇨관
재흡수와 분비가 일어난다.

말피기
소체

네프론: 오줌 생성의 기본단위.

된다. 미처 여과되지 못하고 모세 혈관에 남아 있는 노폐물은 세뇨관으로 분비된다.

세뇨관에서 재흡수가 일어날 때 혈액의 농도에 따라 물과 무기염류의 양이 조절된다. 즉 물을 많이 먹으면 재흡수되는 물의 양은 줄고, 체액 속에 물이 부족하면 재흡수하는 물의 양을 늘려 체액의 농도를 일정하게 유지한다.

오줌의 성분은 거의 물(90%)이고, 요소(17%), 염분(1.5%), 단백질(0%), 포도당(0%), 기타(0.8%) 등이 포함되어 있다. 오줌에 적혈구나 포도당, 단백질 같은 물질이 있으면 건강에 문제가 있는 것이다. 그래서 건강 검진을 하러 가면 소변 검사부터 한다. 최근에는 오줌으로 암 검사를 하는 방법이 연구되고 있다.

소화 기관이 분해해서 소장의 융털로 흡수한 영양소와 호흡 운동에 의해 폐로 들어온 산소는 혈액을 따라 온몸의 세포로 공급된다. 각 세포에서는 영양소와 산소를 이용하여 에너지를 만들어내는 세포 호흡을 한다.

세포에서 만든 에너지는 체온 유지, 근육 운동, 뇌활동, 생장, 목소리 내기 등의 여러 가지 생명 활동에 이용한다. 세포에서 나온 노폐물 중 이산화 탄소는 폐로 보내어 호흡작용을 통해 밖으로 내보내고 물과 요소 등 노폐물은 콩팥으로 운반되어 오줌으로 배설된다.

이렇듯 소화계, 호흡계, 순환계, 배설계 등 여러 기관계가 서로 긴밀하게 연결되어 우리 몸을 일정하게 유지하고 있다.

감각 기관과 신경계

왜애앵~ 모기를 잡아라!

 뜨거운 여름 밤 우리의 잠을 방해하는 모기. 모기를 발견해서 손으로 때려잡기까지 우리 몸에서는 어떤 일이 벌어질까? 먼저 귀로 소리를 듣고 눈으로 모기를 찾은 뒤 손으로 잡는다. 이 과정은 빠르게 순차적으로 일어난다. 우리 몸으로 주어지는 빛, 소리, 온기. 냉기 등 우리의 오감을 자극하는 모든 자극으로부터 우리의 뇌는 정보를 모으고 종합하여 판단한다. 그리고 명령을 내려서 몸이 행동하도록 한다. '몸이 천 냥이

매는 눈이 매우 좋으나 간상세포가 적어서 밤눈이 어둡다. 눈이 옆에 붙어 있어서 시야각이 넓다.

면 눈이 구백 냥'이라는 말이 있듯이 이때 시각적인 자극이 많은 부분을 차지한다.

눈은 빛의 강약과 파장을 통해서 물체의 모양과 색깔, 사물과의 거리 등을 느끼는 감각 기관이다.

고대 사람들은 눈에서 빛을 쏘거나 물체에서 빛이 나온다고 생각했으나 실제로는 물체에 반사된 빛이 우리 눈으로 들어와서 보게 된다.

척추동물 대부분과 연체동물 등은 눈 안에 빛의 자극을 전기적 신호로 바꿔주는 망막이 존재한다. 그래서 그림과 같은 눈을 가지고 있다.

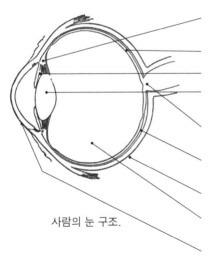

모양체: 물체의 거리에 따라 수정체의 두께를 변화.

망막: 시각 세포가 분포.

홍채: 빛의 양을 조절.

수정체: 빛을 굴절시켜 망막에 상이 맺히게 한다.

맹점: 시각 신경이 모이는 통로로, 시각 세포가 없어 상이 맺히지 않는다.

맥락막: 검은 색소(멜라닌색소)가 분포하고 있어 암실 역할을 함.

공막: 눈의 형태를 유지하고 내부를 보호.

유리체: 반유동성의 투명한 액체로, 안구의 형태를 유지.

각막: 수정체 앞에 있는 얇고 투명한 막

사람의 눈 구조.

시각의 전달경로

빛 → 각막 → 수정체 → 유리체→ 망막(시각 세포) → 시각 신경 → 대뇌

절지동물은 수많은 시각 조직이 모여 하나의 영상을 만드는 겹눈을 가지고 있는데 움직임의 포착에 민감하고 곤충은 각각 다른 방향을 볼 수 있어서 주변을 다중영상으로 감지한다.

잠자리의 겹눈.

화석으로만 남아 있는 삼엽충을 살펴보니 천여 개의 시각 조직으로 이루어진 겹눈을 가지고 있었다. 그런데 다른 절지동물들이 수정체가 부드러운 조직으로 이루어져 있는데 반해 삼엽충은 수정체가 투명한 방해석 결정으로 되어 있어 독특하다.

달팽이나 거미류 등은 단순하게 밝고 어두움만을 알 수 있는 홑눈을 가지고 있다.

극장으로 들어갈 때 갑자기 어두워지면 안 보이지만 어둠에 익숙해질수록 점점 보이게 된다. 그러다가 불이 켜지면 한순간 눈이 부셔서 안 보이다 다시 빛에 익숙해지면서 보이게 된다. 이처럼 밝고 어두움에 따라 눈은 빛의 양을 조절하여 물체를 볼 수 있다. 눈은 밝을 때는 홍채가 확장되면서 동공이 작아져서 빛의 양을 줄이고 어두울 때는 홍채가 수축되면서 동공이 커져 최대한 빛이 많이 들어오도록 하여 물체를 보는 것이다.

먼 곳을 볼 때는 모양체가 이완하면서 수정체가 얇아져 거리 조절을 하고 가까운 곳을 볼 때는 모양체가 수축하여 수정체가 두꺼워지면서 상의 위치를 조절한다. 하지만 눈의 이상으로 상이 망막에 생기지 못하고 망막의 앞이나 뒤에 생길 때가 있다. 선천적으로 안구의 길이가 정상길이가 아니거나 노안이 올 경우 이런 일이 발생한다.

눈의 이상으로는 그 외에도 각막이 고르지 않아 생기는 난시, 원추세포의 이상으로 색깔을 구별하지 못하는 색맹이나 간상세포의 이상으로 밤눈이 어두운 야맹증이 있다.

눈으로 들어온 시각적인 자극은 뇌로 전달이 되는데 뇌의 $\frac{1}{3}$이 이 시각 정보를 처리하는 데 이용된다.

아, 이 아름다운 음악은 뭐지?

이와 함께 청각도 중요한 역할을 한다. 등 뒤에서 차가 다가올 때 눈

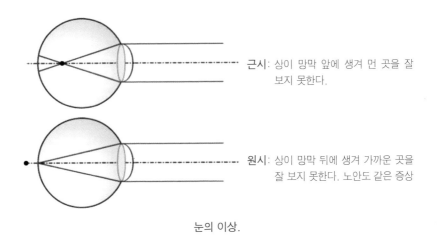

근시: 상이 망막 앞에 생겨 먼 곳을 잘 보지 못한다.

원시: 상이 망막 뒤에 생겨 가까운 곳을 잘 보지 못한다. 노안도 같은 증상

눈의 이상.

으로 보지 못해도 소리를 듣고 피할 수 있다. 무서운 영화를 볼 때 눈 앞의 장면보다 소리(효과음)가 더 무서워서 귀를 막고 볼 때도 있다. 귀는 공기의 진동으로 일어나는 음파를 감지하는 감각 기관이다.

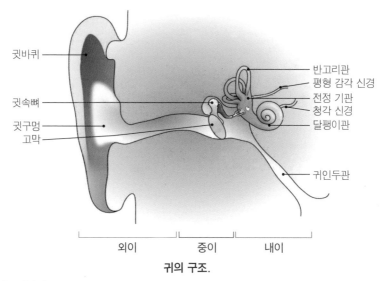

귀의 구조.

외이 **귓바퀴**: 음파(공기의 진동)를 모으는 역할
　　　 귓구멍: 귓바퀴에서 모은 음파를 고막까지 전달

중이 **고막**: 음파를 최초로 느끼는 얇은 막.
　　　 귓속뼈: 3개의 작은 뼈로, 고막의 진동을 증폭.
　　　 귀인두관: 중이와 외이의 압력을 같게 조절한다.

내이 **달팽이관**: 청각 세포를 흥분, 청각 신경을 통해 뇌에 전달된다.
　　　 반고리관: 몸의 회전이나 이동을 느낀다.
　　　 전정 기관: 중력에 의한 몸의 위치를 느낀다.

소리의 전달 경로

음파 → 귓바퀴 → 귓구멍 → 고막 → 귓속뼈 → 달팽이관 → 청각 세포 → 청각 신경 → 대뇌

또한 귀는 몸의 평형 감각도 감지한다. 몸이 기울었다거나 빙글빙글 돌 때 어지러움을 느끼는 것도 귀의 반고리관과 전정 기관을 통해서 느낀다.

우리가 들을 수 있는 음파보다 더 짧고 높은 음파인 초음파를 들을 수 있는 박쥐나 돌고래는 이를 통해 먹이나 장애물의 위치를 파악할 수 있다.

다양한 박쥐의 귀.

아이 셔!

레몬을 떠올리기만 해도 입 안에 침이 고인다. 레몬의 신맛. 아이스 크림의 달콤한 맛. 이런 맛들은 입을 통해서 느낄 수 있다.

입은 소화 기관이면서 동시에 감각 기관으로, 발생 시 낭배기를 지나면서 항문과 함께 형성된다. 물론 말을 하고 숨을 쉬기도 하니 발성 기관이면서 호흡 기관의 역할까지 한다.

그중 감각 기관의 역할을 주로 하는 것은 혀이다. 혀에는 오돌토돌한 돌기(유두)가 있는데 돌기의 옆 부분에 맛봉오리가 있어서 바로 여기에서 맛을 느낀다. 맛봉오리에는 맛을 감지하는 맛세포가 모여 있다. 맛을 가진 액체 상태의 화학 물질이 맛세포를 흥분시키면 미각 신경을 거쳐서 대뇌로 전달되면서 맛을 느낀다.

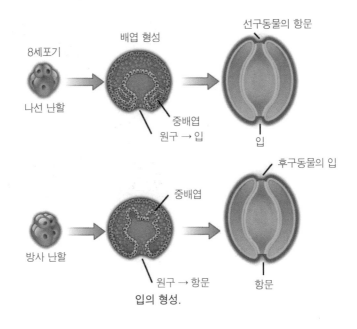

미각의 경로
자극(액체 화학 물질) → 맛봉오리 → 맛세포 → 미각 신경 → 대뇌

우리가 느낄 수 있는 맛의 종류는 단맛, 신맛, 쓴맛, 짠맛, 감칠맛이 있다.

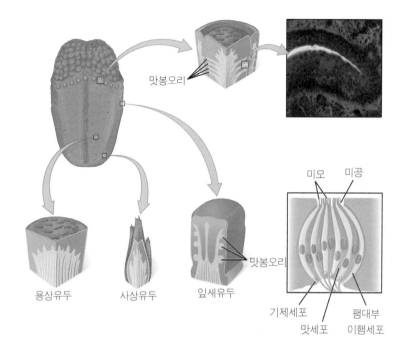

맛봉오리

미모　미공

용상유두　　사상유두　　잎새유두　　맛봉오리

기제세포　　팽대부
맛세포　이행세포

유두: 맛봉오리가 들어 있다.　　**맛봉오리**: 맛세포가 들어 있다.

　그럼 매운맛은 맛이 아닌 걸까? 매운맛과 떫은맛은 맛세포가 느끼
는 맛이 아니라 입 안 점막을 자극하는 물리적인 자극에 의한 느낌
으로 통각 세포가 담당한다. 그래서 매운맛은 혀뿐 아니라 손, 발 어
디서나 느낄 수가 있다.

　맛을 느낄 때 코를 막으면 어떻게 될까? 코는 냄새를 감지하는 감각
기관이다. 냄새를 가진 기체 상태의 화학 물질이 콧속의 후각 세포를
자극하면서 냄새를 느낀다. 가장 예민한 감각이지만 쉽게 피로를 느껴

서 같은 냄새를 오래 맡으면 아예 못 느끼게 된다.

쓴 약을 먹을 때 코를 막으면 좀 덜 쓰게 느껴진다. 골목을 걸을 때 빵 냄새가 풍기면 마치 그 빵을 먹는 듯 그 맛이 느껴진다. 이렇듯 후각은 미각과 함께 맛을 느끼는 데 도움을 준다. 음식의 맛은 코로 느끼는 냄새 와 혀에 느껴지는 맛이 함께 어우러질 때 더 맛있게 느껴진다. 물론 눈으 로 보기에도 맛있어 보여야 한다. 맛이란 미각 하나로만 완성되는 감각 이 아니라 여러 감각 기관이 함께 해서 완성되는 것인 것이다.

코의 구조와 후각 세포.

후각의 경로

자극(기체 화학 물질) → 후각 세포 → 후각 신경 → 대뇌

매운맛은 피부가 느끼는 통증감각임을 앞에서 이야기했다. 피부가 느끼는 감각은 매운맛을 느끼는 통각뿐 아니라 따뜻함을 느끼는 온각. 차가움을 느끼는 냉각, 눌리는 압력을 느끼는 압각이 있다. 피부에는 이 모든 감각을 느끼는 **감각점**이 각각 존재한다.

감각점은 온몸에 분포하지만 각각의 감각점 개수는 다양하다. 그리고 온각과 냉각은 자극의 정도가 심하면 통각으로 변한다. 보통 통점의 개수가 가장 많은 데 통각은 생명과 직접적으로 연관이 있기 때문이다.

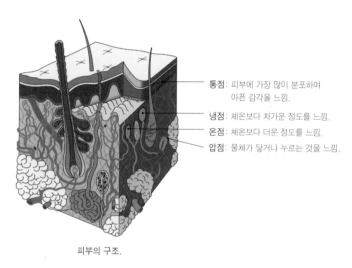

통점: 피부에 가장 많이 분포하며 아픈 감각을 느낌.
냉점: 체온보다 차가운 정도를 느낌.
온점: 체온보다 더운 정도를 느낌.
압점: 물체가 닿거나 누르는 것을 느낌.

피부의 구조.

자라 보고 놀란 가슴, 솥뚜껑 보고도 놀란다

눈, 귀, 코, 입, 피부로 느낀 자극은 뇌로 전달이 되어 분석된 후 그에 알맞은 명령을 내리게 된다. 즉 감각과 지각이 입력되면 뇌에서 처리하여 행동이 출력되는 식이다.

감각기에서 느낀 자극을 뇌로 전달하고, 그에 알맞은 명령을 각 반응기에 내려 몸의 여러 가지 기능을 조절하는 뇌와 척수 및 신경들을 신경계라고 한다. 모든 신경계의 구조적, 기능적 단위를 뉴런이라고 한다. 쉽게 말해서 감각 기관과 뇌, 운동기관으로 신호를 전달하는 세포가 뉴런이다.

뉴런은 기능에 따라 감각 뉴런, 연합 뉴런, 운동 뉴런이 있는데 감각 뉴런은 감각 신경을 이루고 연합 뉴런은 중추 신경계를 이루며 운동 뉴런은 운동 신경을 이룬다. 이러한 신경을 통해 자극과 명령이 전달되면서 몸이 적절한 반응을 한다.

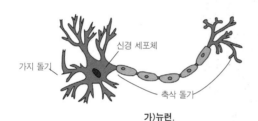

가)뉴런.

신경 세포체: 뉴런의 본체로 1개의 핵과 많은 돌기로 구성됨.
한 뉴런에서 다른 뉴런으로 자극 전달 시 시냅스를 통한다.

자극전달

감각 뉴런: 감각기에서 받아들인 자극을 중추 신경계로 전달
연합 뉴런: 감각 뉴런과 운동 뉴런 사이에서 흥분을 중계
운동 뉴런: 중추 신경계의 판단과 명령을 근육이나 분비조직과 같은 반응기에 전달

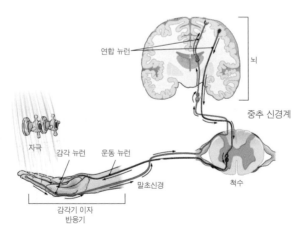

나) 자극의 전달 경로.

자극의 전달 경로

감각기 → 감각 뉴런 → 뇌 → 운동 뉴런 → 반응기

신경계는 **중추 신경계와 말초 신경계**로 나눈다. 중추 신경계에는 뇌와 척수가 속하며 연합 뉴런으로 구성되고 말초 신경계는 중추신경이나 조직으로부터 온몸에 퍼져나가 있는 신경들로, 감각 뉴런과 운동 뉴런으로 구성된다. 말초 신경계에는 대뇌의 영향을 받지 않는 자율신경계도 있는데 교감 신경과 부교감 신경으로 구성된 **자율신경계**는 심장, 혈관, 폐, 소화 기관 등의 내장 기관 등을 자율적으로 조절한다.

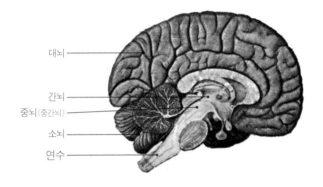

대뇌
간뇌
중뇌(중간뇌)
소뇌
연수

신경계의 구조와 기능.

대뇌: 좌우 두 개의 반구. 고차원적 정신작용. 정보를 종합, 분석하여 명령을 내림.
소뇌: 근육의 운동을 조절. 몸의 자세 조절. 몸의 균형을 유지시킴.
간뇌: 자율신경 조절 중추. 체온, 혈당량, 체내 수분량을 조절함.
중뇌: 안구의 운동, 홍채의 작용 등을 조절
연수: 호흡 운동, 심장 박동, 소화 운동 등 생명 활동과 직결되는 중추. 재채기, 하품, 침 분비 등 의 반사 중추 역할도 함.
척수: 뇌와 몸의 각 부분 사이의 자극 전달 통로. 땀의 분비, 반사운동, 무릎반사, 갓난아기의 대소변을 조절하는 중추

뇌에는 수천억 개의 뉴런이 존재한다. 이 뉴런들은 1000조 개가 넘는 시냅스로 연결되어 신호를 전달한다. 축삭 돌기 말단과 다른 뉴런의 가지 돌기가 연결된 부분을 시냅스라고 한다. 말단과 다른 뉴런의 사이에는 신경전달물질이 분비되어 전기적 신호를 화학적 신호로 바꿔서 전달한다.

기원전 500년, 크로토네의 알크마이온은 마음이 물리적으로 위치하는 곳은 뇌라고 생각했다. 그로부터 2500년 후 현대 과학은 이 고대 그리스인의 말이 맞다는 사실을 입증했다. 인간의 본질인 생각, 느낌, 믿음, 가치 등이 바로 이 뇌에서 비롯된다. 뇌는 1.3kg 정도로 보통 체중의 2~3%를 차지한다. 전체 혈액의 15%가 뇌로 가고 체내로 흡수된 산소와 포도당의 20%를 뇌가 사용한다.

다른 동물과 달리 두 발로 서면서 인간은 다른 동물보다 임신 개월 수가 줄어들었다. 그래서 동물의 새끼는 태어나자마자 움직이고 뛰어다니는 데 인간은 미숙한 상태로 태어나서 여러 해를 부모가 보살펴 주어야 한다. 오히려 이 점이 인간과 다른 동물들과의 차이를 만들어낸 계기가 되었다. 다른 동물들은 뱃속에서 뇌가 성장한 후 태어나는 데 비해서 인간은 태어난 후에 뇌가 성장하게 된 것이다. 뇌는 외부의 자극에 의해서 발달하기 때문에 인간이 다른 동물보다 뇌가 발달하는 데 더 유리한 조건을 갖게 되었다.

생후 1~2년 사이에 시냅스는 과생성되어 어른보다 아이의 시냅스가 더 많게 된다. 시냅스가 많을수록 정보를 처리하는 능력이 강해진다. 하지만 이때 적절한 자극이 없으면 생성되었던 시냅스 중 사용되지 않은 시냅스는 사라지게 된다. 따라서 아이의 뇌를 더 발달시키고 싶다면 이 시기에 다양한 자극을 주면 된다.

시냅스의 성장은 태어난 후 처음 2년 동안 정점에 이를 정도로 형성되고 이후 10년 동안 빠른 속도로 지속된다. 청소년기에 제 2의 뇌 발달이 이루어지기 때문에 이 때 학습하는 내용이 굉장히 중요하다.

감각 기관에서 받은 자극은 척수를 거쳐 대뇌로 가서 분석된 후 대뇌에서 명령을 내리면 척수를 거쳐 근육으로 전달되어 몸이 반응한다.

갑자기 어디선가 공이 날아온다면 나도 모르게 몸이 반응한다. 어떤 자극에 의한 무의식적인 반응을 반사라고 한다.

뜨거운 것에 닿았을 때 나도 모르게 손을 떼는 것처럼 무의식적으로 몸을 보호하기 위한 본능적인 반응을 **무조건 반사**라고 한다. 대뇌와는

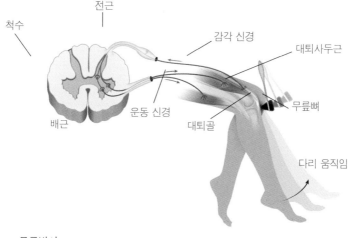

무릎반사.

관계없고 척수나 연수가 관계한다. 대뇌까지 가서 분석될 경우 반응 속도가 느리기 때문에 무조건 반사는 대뇌까지 가지 않고 연수나 척수에서 바로 운동신경으로 전달된다.

기침, 구토, 재채기, 딸꾹질 등은 연수에서 담당하고 팔꿈치반사, 무릎반사, 뜨거운 것을 만질 때 손이 움츠러드는 것 등은 척수에서 담당하고 **동공반사는 중간뇌에서** 담당한다.

무조건 반사 경로

자극 → 감각기 → 감각 신경 → 반사 중추(연수, 척수) → 운동 신경 → 운동기 → 반응

조건 반사 경로

자극 → 감각기 → 감각 신경 → 대뇌 → 운동 신경 → 반응기 → 반응

자극의 전달.

레몬을 떠올리면 저절로 침이 고인다. 축구선수들은 공이 날아오면 생각보다 먼저 몸이 움직인다. 이처럼 과거의 경험이 있어야 일어나는 반사를 **조건 반사**라고 한다.

조건 반사는 러시아의 생리학자인 파블로프가 개를 이용하여 소화에 관한 실험을 하는 도중에 발견되었다. 파블로프는 이 현상을 보고 과거의 경험이 새로운 자극에 대한 반응에 영향을 주는 것을 알게 되었다.

파블로프의 조건 반사 실험은 인간의 행동 반응을 설명하는 좋은 예로 심리학에서도 이를 이용하고 있다. "자라 보고 놀란 가슴, 솥뚜껑 보고도 놀란다"는 말에도 이 조건 반사가 숨어 있다.

조건 반사는 대뇌가 담당한다. 대신 이미 경험한 일이기 때문에 반응 속도가 훨씬 빨라진다. 운동선수들이 같은 동작을 수없이 반복하는 이유는 실제 경기 상황에서 조건 반사가 일어나도록 하기 위해서이다.

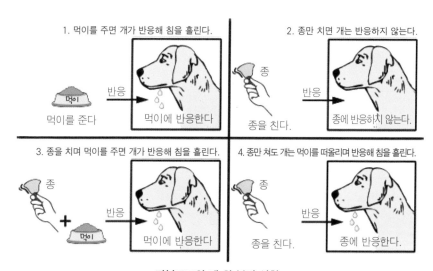

1. 먹이를 주면 개가 반응해 침을 흘린다.
먹이를 준다 → 반응 → 먹이에 반응한다

2. 종만 치면 개는 반응하지 않는다.
종을 친다. → 반응 → 종에 반응하지 않는다.

3. 종을 치며 먹이를 주면 개가 반응해 침을 흘린다.
종 + 먹이 → 반응 → 먹이에 반응한다

4. 종만 쳐도 개는 먹이를 떠올리며 반응해 침을 흘린다.
종을 친다. → 반응 → 종에 반응한다.

파블로프의 개 침 분비 실험.

몸의 구석구석을 조절하는 호르몬

사춘기가 되면 남자와 여자의 신체적 특징이 두드러지는 2차 성징이 나타난다. 나이가 들면 몸과 마음에 여러 가지 이상이 나타나는 갱년기가 찾아온다. 사춘기나 갱년기가 오는 이유는 몸의 여러 가지 기능을 조절하는 호르몬의 변화 때문이다. 호르몬은 내분비샘에서 분비되어 물질대사, 생식, 생장 등을 조절하는 물질이다.

호르몬은 적은 양으로 몸의 기능을 조절하여 몸의 항상성을 유지시킨다. 적은 양으로도 효과가 크기 때문에 호르몬의 분비량이 달라지면

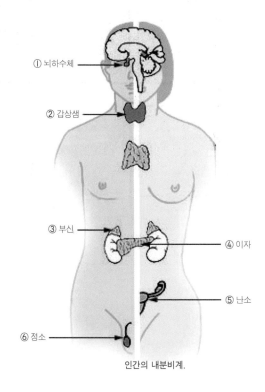

① 뇌하수체

② 갑상샘

③ 부신

④ 이자

⑤ 난소

⑥ 정소

인간의 내분비계.

몸에 이상증상이 나타난다. 호르몬은 내분비샘에서 만들어져 혈액으로 분비되면 혈관을 따라 온 몸을 돌아다니며 표적기관에만 작용한다.

호르몬의 분비량은 호르몬과 내분비샘이 서로 조절한다. 내분비샘은 체액이나 혈액 안의 호르몬을 분비하는 기관이다. 내분비샘에는 뇌하수체, 갑상샘, 부신, 이자, 난소, 정소 등이 있다. 각 분비샘마다 다양한 호르몬을 분비하여 우리 몸의 기능을 조절한다.

뇌의 시상하부는 내분비샘을 조절한다.

1. 뇌하수체
① **생장 호르몬**: 근육, 뼈 등의 결합 조직을 자극하여 몸의 생장을 촉진.
② **갑상샘 자극 호르몬**: 아이오딘의 흡수를 증가시켜 티록신의 분비를 촉진
③ **부신피질 자극 호르몬**: 부신피질에 자극을 주어 부신 피질 호르몬의 분비를 촉진
④ **생식선 자극 호르몬**: 난소의 여포를 성숙.
〈여자〉, 정자의 생산을 촉진〈남자〉
⑤ **황체 형성 호르몬**: 배란을 촉진, 여포를 황체로 만든다〈여자〉. 남성 호르몬의 분비를 촉진〈남자〉.
⑥ **젖 분비 자극 호르몬**: 프로락틴, 출산 초기에 분비되어 젖샘의 발달과 젖의 분비를 촉진.
⑦ **바소프레신**〈항이뇨 호르몬〉: 혈압을 상승. 신장에서 수분의 재흡수를 촉진.
⑧ **옥시토신**: 자궁 수축 호르몬, 자궁 근육을 수축시켜 분만을 쉽게 한다.

2. 갑상샘 - 아이오딘을 함유한 티록신을 분비하여 물질대사를 촉진.

3. 부신 - 부신수질: 아드레날린 분비〈혈압을 상승시키고 혈당량이나 심장 박동 수를 증가〉.
부신피질: 무기질 코르티코이드(혈액 속의 나트륨 이온과 칼륨 이온의 양을 조절)
당질 코르티코이드〈글리코젠을 포도당으로 분해. 아미노산을 당화시켜 혈당량을 증가〉

4. 이자 - 랑게르한스섬: 인슐린〈포도당을 글리코젠으로 전환- 혈당량 감소〉.
글루카곤〈글리코젠을 포도당으로 분해- 혈당량 증가〉.

5. 난소 - 에스트로젠〈월경, 배란 등 여자의 2차 성징〉
프로게스테론〈배란을 억제하여 임신을 유지〉.

6. 정소 - 테스토스테론〈남성의 2차 성징〉

간뇌의 아래쪽에 위치한 뇌하수체에서는 많은 호르몬이 만들어진다. 뇌하수체는 스스로 호르몬을 분비하면서 부신이나 갑상샘 같은 내분비샘을 자극하는 호르몬도 만든다. 이때 간뇌의 시상하부에서 뇌하수체에서 만들어지는 호르몬의 종류와 양을 결정한다.

혈당량을 예로 들어보면 밥을 먹고 나면 혈당량이 오른다. 그러면 간뇌의 시상하부에서 이자를 자극하여 인슐린을 분비시킨다. 인슐린이 분비되면 간에서 포도당을 글리코젠으로 만들면서 **혈당량**이 감소한다.

운동을 심하게 하면 혈당량이 떨어진다. 간뇌의 시상하부에서 이자를 자극하여 글루카곤을 분비시킨다. 글루카곤이 분비되면 간에서 글리코젠을 포도당으로 만들어 혈당량이 증가한다. 체온이나 몸 안의 수분량 조절도 호르몬 분비를 조절하여 일정하게 유지한다.

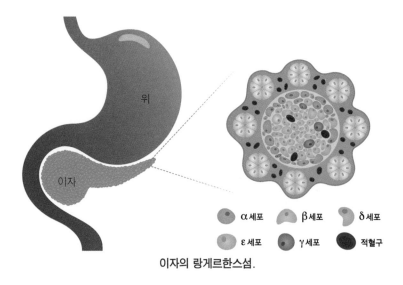

이자의 랑게르한스섬.

이렇게 몸의 상태에 따라 호르몬의 분비를 조절함으로 몸의 항상성을 유지할 수 있다.

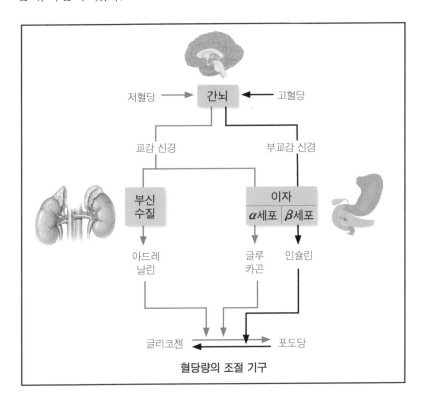

혈당량의 조절 기구

인슐린 분비 또는 인슐린과 반응하는 수용체에 이상이 있을 경우 생기는 병이 당뇨병이다. 인슐린의 분비를 조절할 수 없게 되면 몸은 계속 고혈당 상태를 유지하게 되기 때문에 몸의 항상성이 깨지게 되고 여러 가지 합병증을 일으킨다. 이렇듯 내분비계의 이상은 생체 기능을 저하시키고 몸에 이상현상을 일으키게 된다.

요즘 환경호르몬이 새로운 문제로 부각되고 있다. 환경호르몬은 내분비계의 정상적인 기능을 방해하는 화학 물질로 환경으로 배출된 화학 물질이 체내로 유입되어 마치 호르몬처럼 작용하는 것을 말한다.

젖병이나 CD의 재료인 비스페놀A는 마치 여성호르몬인 에스트로젠과 유사한 역할을 하여 뇌기능을 저하시킨다. 또 남성에게는 무정자증을 유발하고 여성에게는 유방암 등을 일으킨다.

유전자조작(GMO) 식품을 통해서도 환경호르몬 문제가 생기기 때문에 요즘은 소비자들이 선택할 수 있도록 식품에 표기하도록 되어 있다.

생명활동을 정상적으로 하려면 몸의 항상성을 유지하는 것이 아주 중요하다. 호르몬과 신경은 우리 몸의 항상성을 유지하기 위해 함께 작용하여 우리 몸의 여러 기능을 조절한다.

혈당을 조절하는 과정에서 볼 수 있듯이 간뇌의 시상하부는 항상성을 조절하는 중추 역할을 한다. 혈당량 같은 환경 변화를 감지하여 신경을 흥분시키고 호르몬의 분비량을 조절하여 몸이 변화에 대처할 수 있게 만든다. 다만 신경은 뉴런을 통해서 빠르게 자극을 전달하고 좁은 범위에 일시적으로 작용하지만 호르몬은 혈액을 통해서 자극을 전달해서 느리지만 지속적으로 넓은 범위에 작용한다는 차이가 있다.

제**5**장

물체를 이루고 있는 재료
물질

입자 운동

봄바람에 실려오는 수수꽃다리 향기에 취하다.

길을 걷다가 바람에 실려오는 수수꽃다리 향기에 고개를 돌려본 적이 있는가? 무심코 지나쳐서 눈으로는 보지 못한 내게 자신의 존재를 향기로 알리는 수수꽃다리 꽃. 그 향기는 어떻게 내 코까지 날아왔을까?

꽃향기를 가진 입자가 공기 중을 움직여서 내게로 날아온

수수꽃다리꽃. 라일락과 혼용하여 쓴다. 라일락이 좀 더 화려하고 향기가 진하다.

것이다. 꽃향기 입자처럼 물질을 이루는 입자들은 끊임없이 여러 방향으로 움직인다. 이를 입자의 운동이라 한다.

1827년 스코틀랜드의 식물학자인 로버트 브라운은 물 위에 떨어진 꽃가루가 끊임없이 흔들리는 현상을 관찰했다. 꽃가루나 먼지 같은 작은 입자를 둘러싼 액체나 기체의 입자들이 끊임없이 운동하면서 충돌하여 작은 입자가 마치 스스로 운동하는 것처럼 보이게 하는 것이었다. 그 현상을 브라운 운동이라고 한다.

호수에 떨어진 꽃가루가 물결에 따라 움직이는 모습.

입자는 워낙 작아서 눈으로 볼 수 없기 때문에 입자운동은 확산과 증발 현상을 통해서 확인할 수 있다.

빵집을 지날 때나 치킨가게를 지날 때 우리를 유혹하는 냄새가 바로 확산 현상이다. 확산은 입자가 스스로 움직여서 액체나 기체 속으로 퍼져나가는 현상이다. 여름철에 특히 냄새가 더 잘 퍼지는 데 온도가 높을수록 입자의 움직임이 더 활발해지기 때문에 확산이 빠르게 일어난다. 매질이 액체일 때보다는 기체일 때, 기체보다는 진공 상태일 때 입자가 더 빠르게 움직인다. 입자가 움직일 때 매질 입자가 방해하기 때문에 진공에서 가장 빠르게 움직일 수 있다. 마치 사람이 많은 운동장을 가로질러 갈 때 부딪히지 않으려고 피하면서 가면 시간이 많이 걸리지만 텅 빈 운동장을 가로질러 가면 방해하는 것이 없어서 빨리 지나갈 수 있는 것처럼 말이다. 확산은 농도가 높은 쪽에서 농도가 낮은 쪽으로 입자가 움직이면서 일어난다.

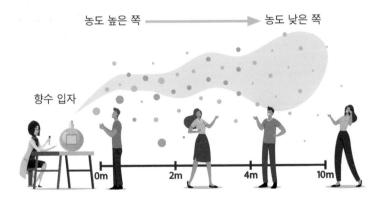

확산 입자 모형.

스프레이나 냉장고 냉매인 프레온가스는 공기 중으로 확산되어 오존층에 도달하면 오존층을 파괴한다.

이른 아침 풀잎에 맺혀 있던 영롱한 이슬은 해가 뜨면 어느 새 자취를 감추고 만다. 이슬은 어디로 갔을까? 액체의 표면에서 입자들이 기체로 변하여 공기 중으로 날아가는 현상, 곧 증발이 일어난 것이다. 표면에서만 기화가 일어나는 것은 증발이고 액체 전체에서 기화되어 기포가 올라오는 현상은 끓음이다. 젖은 빨래가 시간이 지나면서 점점 마르는 것도 증발이 일어나기 때문이다. 빨래를 빨리 말리려고 할 때 드라이기를 이용하는 건 증발이 잘 일어나도록 하기 위해서이다.

증발도 입자운동이므로 온도가 높을수록 빠르게 일어나고 바람이 불수록, 표면적이 넓을수록, 습도가 낮을수록, 입자 사이의 인력이 작을수록 더 잘 일어난다.

물질이 액체나 기체에 녹는 현상인 용해도 입자운동과 관련이 있다.

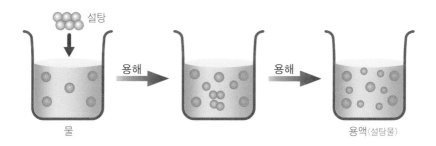

설탕이 물에 녹아 설탕물이 되면 이 설탕물 속의 어느 부분이나 맛

이 같고, 오래 두어도 가라앉는 것이 없다. 설탕 입자가 물 입자 사이로 계속 움직이면서 고르게 섞이기 때문이다. 물에 먹물을 한 방울 떨어뜨리면 검은 덩어리가 점점 퍼지면서 고르게 섞여 전체적으로 검게 변한다. 이 현상은 농도가 높은 쪽에서 낮은 쪽으로 먹물 입자가 움직인 확산 현상이다.

그렇다면 설탕물이 물에 녹는 용해 현상과 먹물이 퍼진 확산은 같은 걸까? 그렇지 않다. 용해와 확산은 둘다 서로 다른 입자들이 섞이는 현상이지만 확산은 입자가 스스로 움직이면서 농도가 높은 쪽에서 낮은 쪽으로 이동하는 현상이고 용해는 용매 입자와 용질 입자 사이의 정전기적 상호작용으로 용질 입자와 용매 입자가 골고루 섞이는 현상이다.

물질의 상태 변화

물질의 상태가 변하는 것도 입자의 움직임과 관계가 있다. 우리 주위의 물질은 고체, 액체, 기체의 세 가지 상태로 구분한다. 고체는 입자가 규칙적으로 배열되어 모양과 부피가 일정한 상태이고 액체는 입자가 고체 상태보다 불규칙하게 배열되어 모양은 변하지만 부피가 일정한 상태이다. 기체는 입자가 아주 불규칙하게 배열되어 모양과 부피가 일정하지 않은 상태이다. 입자는 끊임없이 운동하고 있는데 물질의 상태에 따라 운동하는 정도가 다르다. 고체 상태일 때는 입자들 간의 거리가 가까워서 입자가 활발하게 운동하기 어렵다. 액체 상태일 때는 입자 간의 거리가 고체 상태일 때보다는 멀기 때문에 입자가 비교적 자유롭게 운동할 수 있다. 기체 상태일 때는 입자들 간의 거리가 아주 멀기 때문에 마음껏 자유롭게 움직일 수 있다. 각각의 상태에서 입자는 열에너지를 받으면 움직임이 빨라진다. 입자의 움직임이 달라지면 물질의 상태도 바뀐다. 고체 상태의 물질이 열에너지를 받으면 입자운동이 활발해져서 액체 상태로 바뀐다. 액체가 계속해서 열에너지를 받으면 입자운동이 아주 활발해져 기체 상태로 변하고 기체가 열에너지를 받으면 입자가 이온화되면서 전기적으로 중성인 플라즈마 상태가 된다. 플라즈마 상태는 지구상에서는 찾아보기 어렵지만 우주에서는 흔하다. 태양도 워낙 뜨거워서 플라즈마 상태이다.

지구에서 볼 수 있는 플라즈마 상태는 형광등과 네온사인이 있으며 자연현상으로는 번갯불과 오로라를 들 수 있다.

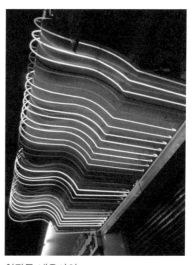

형광등 네온사인.

물질은 열을 받으면 입자의 운동이 활발해지면서 입자 간의 인력이 약해진다. 입자 간의 거리가 멀어지면서 고체가 액체로, 고체가 기체로, 또는 액체가 기체로 상태가 변하게 된다. 반대로 열을 빼앗기면 입자의 운동이 둔해지면서 입자 간의 인력이 강해진다. 입자 간의 거리가 가까워지면서 기체가 액체로, 액체가 고체로, 또는 기체가 고체로 상태가 변하게 된다.

알래스카에 살고 있는 이누이트족은 날이 추우면 이글루 안에 물을 뿌린다. 알래스카처럼 추운 곳에서 이글루 안에 물을 뿌리다니 우리 상식으로는 이해할 수 없다. 그런데 이누이트족이 이글루 안에 물을 뿌리는 이유는 아주 과학적이다. 물이 응고하면서 열을 방출해 이글루 안이 따뜻해지기 때문이다. 물이 응고할 때 왜 열을 방출할까? 물이 얼음으로 변하려면 입자의 배열이 규칙적으로 변해야 하는데 그러려면 입자가 가진 열에너지를 잃어야 한다. 입자가 가진 열에너지를 잃으려면 가지고 있는 열에너지를 밖으로 방출해야 한다. 그래서 물이 응고할 때 열에너지를 방출한다.

응고·액화·승화(기→고)가 일어날 때 물질의 입자 운동이 둔해진다. 열에너지를 방출하면서 입자 사이의 거리가 가까워지고 입자 간의 인력이 강해진다. 이 방출된 열에너지로 인해서 주변의 온도가 올라간다. 이와 같은 응고열로 데운 이글루 안이 갓난아이가 있어도 될 정도로 따뜻해진다니 인간의 지혜란 놀랍다.

반대의 현상을 이용하는 경우도 있다. 더운 날 마당이나 길에 물을 뿌리는 걸 본 적이 있을 것이다. 여름이면 살수차가 도로를 다니며 물을 뿌린다. 더운 여름에 물을 뿌리는 이유는 물이 기화하면서 열을 흡수해 공기를 시원하게 만들기 때문이다. 물이 기화하면서 왜 열을 흡수할까? 물이 수증기가 되려면 입자 운동이 활발해져서 입자의 배열이 아주 불규칙적이 되어야 한다. 그러려면 열에너지가 필요하다. 이

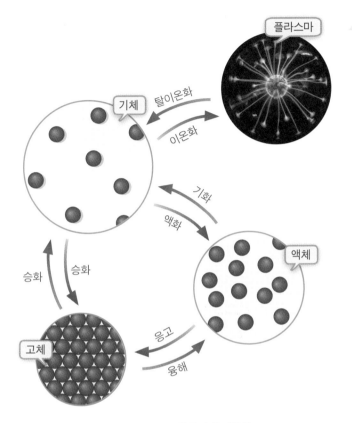

플라스마

기체 탈이온화

이온화

기화

액화

액체

승화 승화

응고

고체 융해

계의 엔탈피

물질의 상태변화.

때 필요한 열에너지를 주변으로부터 흡수한다.

융해·기화·승화(고→기)가 일어날 때 입자는 열에너지를 흡수하면
서 입자 운동이 활발해진다. 입자 운동이 활발하니까 입자 사이의 거
리는 멀어지고 입자 간의 인력이 약해지게 된다. 주변의 열에너지를
흡수하여 상태변화를 했기 때문에 주변의 온도가 내려간다.

이처럼 상태변화할 때 열에너지의 출입을 이용하여 일상 생활에서 활용하는 예는 여러 가지가 있다. 냉매를 기화시켜서 열을 흡수하여 냉장고 안을 차갑게 만들어 음식을 보관하기도 하고 보일러로 끓인 물을 액화시키면서 열을 방출하게 하여 방안을 따뜻하게 유지하기도 한다. 에어컨도 물질의 상태가 변할 때 열에너지를 흡수하여 공기를 시원하게 만드는 기기이다. 열에너지를 흡수하면 다른 쪽에서는 그 열을 방출하기 때문에 실외기가 뜨겁다.

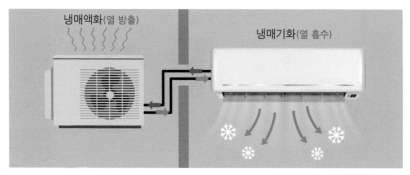

에어컨 원리.

상태가 변할 때는 입자배열, 입자운동. 입자 사이 거리. 입자 간의 인력 등이 변화한다. 하지만 한 가지 변하지 않는 것이 있다. 바로 질량이다. 질량은 입자의 수와 관계가 있는데 상태가 변하면서 입자 배열이나 입자 간 거리는 바뀌어도 입자의 수는 그대로이므로 질량도 변함이 없다.

물을 가열하면서 시간별로 온도변화를 측정한 물의 가열곡선을 살펴보면 물의 상태가 변할 때 온도가 일정하게 유지되는 것을 볼 수 있다. 물질의 상태가 변할 때 왜 온도가 일정할까?

계속 열을 가하는 데도 불구하고 상태변화 시에 온도가 올라가지 않고 일정하게 유지되는 이유는 물이 주어지는 열에너지를 흡수하여 모두 상태변화에 사용하기 때문이다. 그리고 냉각할 때는 빼앗기는 열에도 불구하고 온도가 내려가지 않고 일정하게 유지되는 이유는 물이 열에너지를 방출하면서 상태변화를 하기 때문이다.

고체가 액체로 상태변화하면서 일정하게 유지되는 온도를 **녹는점**이

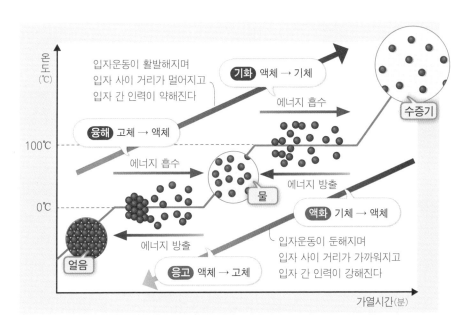

물의 상태변화와 열 출입.

라 하고, 액체가 고체로 상태변화하면서 일정하게 유지되는 온도를 어는점이라 한다. 같은 물질은 어는점과 녹는점이 같다. 액체가 기체로 상태가 변하면서 일정하게 유지되는 온도를 **끓는점**이라 한다.

물질의 상태가 변해도 물질을 이루는 입자의 종류나 크기, 개수는 변하지 않기 때문에 물질의 성질은 변하지 않는다.

부피와 온도, 압력의 관계

풍선이 하늘 높이 날아오르면 점점 커지면서 결국 터지게 된다. 공기를 더 불어넣은 것도 아닌데 왜 부피가 커질까?

하늘 높이 올라가면 공기의 양이 적어져서 공기의 압력인 기압이 낮아진다.

압력은 단위 넓이의 면에 수직으로 작용하는 힘의 크기이다.

$$압력 = \frac{작용하는 \ 힘(N)}{힘을 \ 받는 \ 면의 \ 넓이(㎡)}$$

단위로는 N/㎡, N/㎠, Pa(파스칼) (1Pa=1N/㎡)을 사용한다.

압력은 같은 넓이의 면에 작용하는 힘이 클수록 커진다. 같은 크기의 힘을 받을 경우에는 접촉면의 넓이가 작을수록 커진다. 못이나 송곳, 바늘 등은 접촉면의 넓이를 작게 하여 압력을 크게 만들어 이용하는 기구들이다. 눈이 많이 오는 강원도 지역에서는 눈에 빠지지 않게 하기 위하여 설피를 만들어서 신는데 이는 접촉면의 넓이를 크게 하여 눈이 받는 압력을 작게 만들어 빠지지 않도록 하는 도구이다.

그렇다면 풍선 안의 압력은 어떨까? 기체 상태의 입자들이 활발하게 운동하면서 용기의 벽면에 충돌하는 힘에 의해 압력이 생긴다. 그래서 기압은 기체 입자가 벽면에 충돌하는 횟수가 많을수록 커진다. 기체의 압력은 모든 방향으로 작용한다. 지구는 대

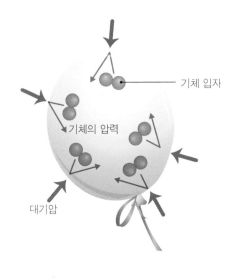

기체 입자

기체의 압력

대기압

기에 둘러싸여 있기 때문에 우리는 대기의 압력인 대기압의 영향을 받는다. 대기압은 지표에서 1기압이고 높이 올라갈수록 공기의 양이 작아지기 때문에 풍선이 하늘 높이 올라가면 풍선바깥의 기압이 낮아진다. 풍선 안의 압력은 변화가 없는데 바깥의 기압이 낮아지므로 상대적으로 풍선 안의 압력이 높아지게 되어 풍선의 부피가 점점 커진다.

아일랜드의 과학자인 보일은 실험을 통해서 온도가 일정할 때의 기체의 부피와 압력의 관계를 확인했다. 그의 실험에 의하면 부피가 $\frac{1}{2}$로 줄어들면 입자의 충돌 횟수가 2배로 증가하면서 압력이 2배 증가한다. 즉 같은 온도일 때 기체의 부피가 줄어들면 기체의 압력은 커진다. 그래서 온도가 일정할 때 기체의 부피는 압력에 반비례한다는 것을 '보일의 법칙'이라고 한다.

압력(P) × 부피(V) = 일정

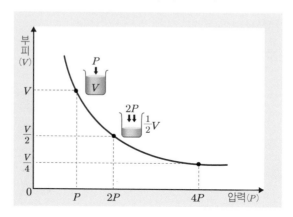

기체의 입자 운동과 보일의 법칙을 연결해서 살펴보자.

외부 압력이 2배로 증가하면 기체의 부피가 $\frac{1}{2}$로 감소한다. 그러면 입자들 사이의 거리가 가까워지면서 입자의 충돌 횟수는 2배로 증가한다. 따라서 기체가 용기 벽면에 미치는 압력은 2배로 증가한다.

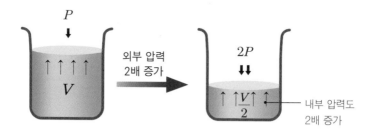

하늘 높이 올라간 풍선의 경우 내부 압력은 그대로인데 외부 압력이 감소하므로 상대적으로 내부 압력이 증가한다. 그래서 풍선의 부피가

| 14000피트 높이 | 9000피트 높이 | 1000피트 높이 |

(14000피트에서 뚜껑을 닫음)

기압에 따른 페트병의 부피 변화.
14000피트 상공의 기압이 1000피트 높이의 기압보다 작기 때문에 페트병 안 기압은 일정해도, 높이가 낮아질수록 외부의 압력에 비해 상대적으로 작아지게 되어 1000피트까지 내려오면서 페트병이 쭈그러든다.

커지다가 펑 터지고야 만다.

기압 뿐 아니라 수압에 의해서도 기체의 부피는 달라진다. 깊은 바다에서 잠수하는 물고기가 뿜어낸 공기방울은 수면으로 올라올수록 점점 더 크기가 커진다. 수면으로 올라갈수록 수압이 약해지기 때문에 공기방울의 부피가 커진 것이다.

그렇다면 압력이 일정할 때 온도와 기체의 부피 사이에는 어떤 관계가 있을까?

여름철에는 공기를 꽉 채운 자동차의 타이어가 터지는 일이 있다.

타이어 공기압을 최대로 하고 달리기 때문에 마찰열에 의해서 타이어
가 팽팽해져 결국 터지는 것이다.

온도가 높아지면 기체 입자의 운동은 활발해진다. 입자 운동이 활발
해지면 입자 사이의 간격이 증가하여 기체의 부피가 증가한다.

프랑스의 과학자 샤를은 외부 압력이 같을 때 온도가 높아지면 기체
의 부피는 그 종류에 관계없이 일정하게 늘어난다는 것을 확인했다.
이를 '샤를의 법칙'이라고 한다.

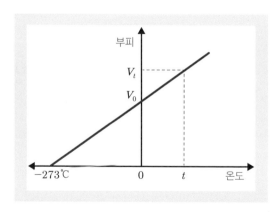

기체의 부피는 온도가 1℃ 오를 때마다 0℃ 때 부피의 약 $\frac{1}{273}$ 씩
늘어난다.

$$V_t = V_0 \left(1 + \frac{t}{273} \right)$$ (V_0: 0℃때의 부피, V_t: t℃때의 부피)

그래서 여름에는 타이어의 공기압을 80% 정도만 넣고 자동차를 운행

해야 안전하다.

《오즈의 마법사》에서 오즈의 마법사가 도로시와 함께 고향으로 돌아가려고 열기구를 띄우는 장면을 머릿속에 떠올려 보자.

마법사가 열기구 아래에서 불을 피우면 열기구 속의 기체가 가열되어 기체의 부피가 커지면서 밀도가 작아져 주변 공기보다 가벼워지므로 열기구가 하늘로 떠오른다. 이 또한 샤를의 법칙을 보여주는 예이다.

샤를의 법칙은 '샤를-게이뤼삭법칙'이라고도 한다. 1787년 샤를이 실험으로 증명하고 발표하지 않은 상태에서 1802년 프랑스의 게이뤼삭이 독자적으로 실험하여 처음으로 발표하면서 샤를의 논문을 인용했다.

열기구.

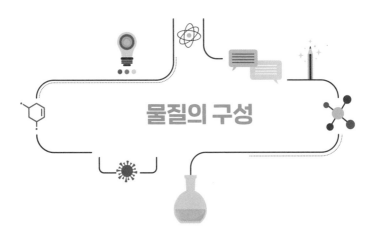

물질의 구성

물질은 무엇으로 되어 있을까?

고대 그리스의 과학자들은 물질이 무엇으로 되어 있는가에 대해 여러 가지 생각을 했다. 논리적인 방법으로 현상을 설명하려 한 탈레스는 모든 물질은 물로 되어 있다고 생각했다. 엠페도클레스는 모든 물질은 물, 불, 흙, 공기인 4원소로 되어 있다고 생각했고 데모크리토스는 물질은 더 이상 쪼갤 수 없는 입자로 되어 있고 그 사이에 빈공간이 존재한다고 생각했다.

아리스토텔레스는 물질의 기본을 4가지 원소(물, 불, 흙, 공기)로 보았고 그 4가지 원소는 4가지 성질(차고 덥고 습하고 건조함)의 조합으로 변할 수 있다고 생각했다. 이 4원소 변환설은 그 후 2000년 동안 세상을 지배했고 값싼 물질을 변화시켜 값비싼 물질을 얻으려는 시도로 연금술이 발달했다.

비록 **연금술**은 성공하지 못했지만 덕분에 다양한 실험기구와 시약이 만들어져서 근대 과학의 발달에 도움이 되었다.

17세기에 들어와 보일이 모든 물질은 더 이상 분해되지 않는 원소로 이루어져 있다라는 현대적 원소의 개념을 제안했다. 프랑스의 과학자 라부아지에는 물 분해 실험을 통해 물이 수소와 산소로 구성

아리스토텔레스의 흉상.

되어 있는 것을 확인하여 아리스토텔레스의 4원소 변환설이 틀렸음을 증명했다.

이 후로 많은 원소가 발견되었고 이 **원소**는 물질을 구성하는 기본 성분으로 더 이상 다른 물질로 분해되지 않는다는 것을 알게 되었다. 발견된 원소는 과학자들 나름대로 원소를 표시하는 기호를 만들어 사용해오다가 베르셀리우스가 현재 사용하는 알파벳을 이용하는 **원소 기호**를 제안했다. 또한 불꽃반응이나 스펙트럼을 통해서 금속 원소의 종류도 구별할 수 있게 되었다.

스펙트럼.

스펙트럼은 빛이 분광기를 통과할 때 나타나는 여러 가지 색의 띠이고 불꽃반응은 금속원소를 겉불꽃에 넣었을 때 그 원소의 종류에 따라 각각 독특한 색을 나타내는 것을 말한다. 불꽃반응색이 비슷해서 구분이 잘 안되는 원소들은 스펙트럼으로 확실히 구별한다.

축제에서 화려함을 자랑하는 불꽃놀이 역시 불꽃반응을 이용하여 보여주는 것이다.

불꽃놀이는 중국에서 시작되었다. 9세기 경 염초에 황과 숯을 섞어 불꽃을 아름답게 만들기 시작했다. 여러 가지 금속 원소를 넣어서 각 원소의 불꽃반응색이 나오도록 한 것이다. 밝은 흰색을 내는 마그네슘으로 환한 불꽃을 내게 하고 철과 알루미늄 알갱이들로 금색과 흰색의 스파크를 만든다. 스트론튬은 붉은색, 나트륨은 노란색, 바륨은 황록색, 구리는 청록색, 리튬은 빨간색(스트론튬과는 선스펙트럼으로 구분) 불꽃반응색을 가지고 있다. 이를 적절히 배합하여 불꽃놀이에 이용하는 것이다.

우주에서 가장 많은 원소는 무엇일까?

바로 수소이다. 수소는 우주에 존재하는 총 원자 수의 87%를 차지한다. 태양을 떠올려보면 이해하기 쉽다. 태양은 수소 92%와 헬륨 8%로 이루어진 별이다. 다른 별의 구성 성분이 태양과 별반 다르지 않을 것이므로 우주에는 가장 가벼운 원소인 수소가 가장 많고 두 번째로 많은 원소는 헬륨이다. 우리의 몸도 물이 66% 정도 차지하므로 우리 몸에서도 수소가 가장 많은 원소이다.

우주가 생성될 때 가장 먼저 생긴 원소도 수소로 보고 있다. 이 수소들이 핵융합반응을 통해서 헬륨으로 바뀌고 계속해서 핵융합반응을 일으켜 점점 무거운 원소로 바뀌어 우주로 퍼져나간 것이 맞다면 역시 수소가 가장 많다는 것을 알 수 있다.

과학자들은 자연 상태에서 90여 종 정도의 원소를 발견했다. 이 원소들 중 비슷한 성질을 가진 원소들이 규칙적으로 배열되도록 질량과 화학적 성질에 따라 배열한 표가 주기율표이다. 주기율표의 가로를 주기라 하고 세로를 족이라고 하는데 같은 족에 있는 원소들은 화학적 성질이 비슷하다.

주기율표는 러시아의 멘델레예프가 63종의 원소를 원자량 순서로 배치하고 발견되지 않은 원소의 자리를 빈 칸으로 남겨두면서 처음 만들었다. 그는 빈 위치에 들어갈 원소의 화학적 성질까지도 예측했다.

그 뒤를 이어 모즐리가 멘델레예프의 주기율표를 개량하여 원자번호 순으로 배열한 주기율표를 만들었다(212~213쪽 주기율표).

주기율표에서 왼쪽에 위치한 원소들(수소는 비금속이므로 제외)을 금속 원소, 오른쪽에 위치한 원소들을 비금속 원소라고 한다. 18족 원소들은 비활성기체라고 하는데 안정적인 상태라서 반응이 잘 일어나지 않는다.

간혹 텔레비전 프로그램을 보다 보면 헬륨가스를 들이마시고 목소리를 이상하게 내면서 재미있어 하는 장면을 볼 수 있다. 그런데 그렇

표준주기율표 Periodic Table of the Elements

- 상온에서 액체인 원소의 이름은 회색, 기체인 원소의 이름은 굵은 글씨, 고체인 원소의 이름은 검은 글씨이다.
- 사각형의 색깔은 원소들이 속한 그룹을 나타낸다.
  알칼리금속(☐), 전이금속(☐), 비금속(☐),
  불활성 기체(☐), 란탄족(☐), 악티늄족(☐)

1	2	3	4	5	6	7	8	9
1 **H** 수소 hydrogen $1s^1$								
3 Li 리튬 lithium $[He]2s^1$	4 Be 베릴륨 beryllium $[He]2s^2$							
11 Na 소듐(나트륨) sodium $[Ne]3s^1$	12 Mg 마그네슘 magnesium $[Ne]3s^2$							
19 K 포타슘(칼륨) potassium $[Ar]4s^1$	20 Ca 칼슘 calcium $[Ar]4s^2$	21 Sc 스칸듐 scandium $[Ar]3d^14s^2$	22 Ti 티타늄(타이타늄) titanium $[Ar]3d^24s^2$	23 V 바나듐 vanadium $[Ar]3d^34s^2$	24 Cr 크롬 chromium $[Ar]3d^54s^1$	25 Mn 망간 manganese $[Ar]3d^54s^2$	26 Fe 철 iron $[Ar]3d^64s^2$	27 Co 코발트 cobalt $[Ar]3d^74s^2$
37 Rb 루비듐 rubidium $[Kr]5s^1$	38 SR 스트론튬 strontium $[Kr]5s^2$	39 Y 이트륨 yttrium $[Kr]4d^15s^2$	40 Zr 지르코늄 zirconium $[Kr]4d^25s^2$	41 Nb 나이오븀 niobium $[Kr]4d^45s^1$	42 Mo 몰리브덴 molybdenum $[Kr]4d^55s^1$	43 Tc 테크네튬 technetium $[Kr]4d^65s^1$	44 Ru 루테늄 ruthenium $[Kr]4d^75s^1$	45 Rh 로듐 rhodium $[Kr]4d^85s^1$
55 Cs 세슘 caesium $[Xe]6s^1$	56 Ba 바륨 barium $[Xe]6s^1$	57-71 La 란타넘족 lanthanoids ★	72 Hf 하프늄 hafnium $[Xe]4f^{14}5d^26s^2$	73 Ta 탄탈럼 tantalum $[Xe]4f^{14}5d^36s^2$	74 W 텅스텐 tungsten $[Xe]4f^{14}5d^46s^2$	75 Re 레늄 rhenium $[Xe]4f^{14}5d^56s^2$	76 Os 오스뮴 osmium $[Xe]4f^{14}5d^66s^2$	77 Ir 이리듐 iridium $[Xe]4f^{14}5d^76s^2$
87 Fr 프랑슘 francium $[Rn]7s^1$	88 Ra 라듐 radium $[Rn]7s^2$	89-103 Ac 악티늄족 actinoids ♣	104 Rf 러더포듐 rutherfordium $[Rn]5f^{14}6d^27s^2$	105 Db 더브늄 dubnium $[Rn]5f^{14}6d^37s^2$	106 Sg 시보귬 seaborgium $[Rn]5f^{14}6d^47s^2$	107 Bh 보륨 bohrium $[Rn]5f^{14}6d^57s^2$	108 Hs 하슘 hassium $[Rn]5f^{14}6d^67s^2$	109 Mt 마이트너륨 meitnerium $[Rn]5f^{14}6d^77s^2$

★

57 La 란타넘 lanthanum $[Xe]5d^16s^2$	58 Ce 세륨 cerium $[Xe]4f^15d^16s^2$	59 Pr 프라세오디뮴 praseodymium $[Xe]4f^36s^2$	60 Nd 네오디뮴 neodymium $[Xe]4f^46s^2$	61 Pm 프로메튬 promethium $[Xe]4f^56s^2$	62 Sm 사마륨 samarium $[Xe]4f^66s^2$	63 Eu 유로퓸 europium $[Xe]4f^76s^2$

♣

89 Ac 악티늄 actinium $[Rn]6d^17s^2$	90 Th 토륨 thorium $[Rn]6d^27s^2$	91 Pa 프로탁티늄 protactinium $[Rn]5f^26d^17s^2$	92 U 우라늄 uranium $[Rn]5f^36d^17s^2$	93 Np 넵투늄 neptunium $[Rn]5f^46d^17s^2$	94 Pu 플루토늄 plutonium $[Rn]5f^67s^2$	95 Am 아메리슘 americium $[Rn]5f^77s^2$

18

2 **He**
헬륨
helium

$1s^2$

표기법:

원자 번호	X → 기호
원소명(국훈)	
원소명(영문)	
전자궤도	

13　　14　　15　　16　　17

5 **B**
붕소
boron
$[He]2s^22p^1$

6 **C**
탄소
carbon
$[He]2s^22p^2$

7 **N**
질소
nitrogen
$[He]2s^22p^3$

8 **O**
산소
oxygen
$[He]2s^22p^4$

9 **F**
플루오린
fluorine
$[He]2s^22p^5$

10 **Ne**
네온
neon
.18
$[He]2s^22p^6$

13 **Al**
알루미늄
aluminium
$[Ne]3s^23p^1$

14 **Si**
규소
silicon
$[Ne]3s^23p^2$

15 **P**
인
phosphorus
$[Ne]3s^23p^3$

16 **S**
황
sulfur
$[Ne]3s^23p^4$

17 **Cl**
염소
chlorine
$[Ne]3s^23p^5$

18 **Ar**
아르곤
argon
$[Ne]3s^23p^5$

10　　11　　12

28 **Ni**
니켈
nickel
$[Ar]3d^84s^2$

29 **Cu**
구리
copper
$[Ar]3d^104s^1$

30 **Zn**
아연
zinc
$[Ar]3d^104s^2$

31 **Ga**
갈륨
gallium
$[Ar]3d^104s^24p^1$

32 **Ge**
저마늄
germanium
$[Ar]3d^104s24p^2$

33 **As**
비소
arsenic
$[Ar]3d^104s^24p^3$

34 **Se**
셀레늄
selenium
$[Ar]3d^104s^24p^2$

35 **Br**
브롬
bromine
$[Ar]3d^104s^24p^5$

36 **Kr**
크립톤
krypton
$[Ar]3d^104s^24p^6$

46 **Pd**
팔라듐
palladium
$[Kr]4d^{10}$

47 **Ag**
은
silver
$[Kr]4d^105s^1$

48 **Cd**
카드뮴
cadmium
$[Kr]4d^105s^2$

49 **In**
인듐
indium
$[Kr]4d^105s^25p^1$

50 **Sn**
주석
tin
$[Kr]4d^105s^25p^2$

51 **Sb**
안티몬
antimony
$[Kr]4d^105s^25p^3$

52 **Te**
텔루륨
tellurium
$[Kr]4d^105s^25p^4$

53 **I**
요오드(아이오딘)
iodine
$[Kr]4d^105s^25p^5$

54 **Xe**
제논
xenon
$[Kr]4d^105s^25p^6$

78 **Pt**
백금
platinum
$[Xe]4f^145d^96s^1$

79 **Au**
금
gold
$[Xe]4f^145d^106s^1$

80 **Hg**
수은
mercury
$[Xe]4f^145d^106s^2$

81 **Tl**
탈륨
thallium
$[Xe]4f^145d^106s^26p^1$

82 **Pb**
납
lead
$[Xe]4f^145d^106s^26p^2$

83 **Bi**
비스무트
bismuth
$[Xe]4f^145d^106s^26p^3$

84 **Po**
폴로늄
polonium
$[Xe]4f^145d^106s^26p^4$

85 **At**
아스타틴
astatine
$[Xe]4f^145d^106s^26p^5$

86 **Rn**
라돈
radon
$[Xe]4f^145d^106s^26p^6$

110 **Ds**
다름스타튬
darmstadtium
$[Rn]5f^146d^97s^1$

111 **Rg**
렌트게늄
roentgenium
$[Rn]5f^146d^107s^1$

112 **Cn**
코페르니슘
copernicium

113 **Nh**
니호늄
Nihonium

114 **Fl**
플레로븀
flerovium

115 **Mc**
모스코븀
Moscovium

116 **Lv**
리버모륨
livermorium

117 **Ts**
테네신
Tennessine

118 **Og**
오가네손
Oganesson

64 **Gd**
가돌리늄
gadolinium
$[Xe]4f^75d^16s^2$

65 **Tb**
터븀
terbium
$[Xe]4f^96s^2$

66 **Dy**
디스프로슘
dysprosium
$[Xe]4f^106s^2$

67 **Ho**
홀뮴
holmium
$[Xe]4f^116s^2$

68 **Er**
어븀
erbium
$[Xe]4f^126s^2$

69 **Tm**
툴륨
thulium
$[Xe]4f^136s^2$

70 **Yb**
이터븀
ytterbium
$[Xe]4f^146s^2$

71 **Lu**
루테튬
lutetium
$[Xe]4f^145d^16s^2$

96 **Cm**
퀴륨
curium
$[Rn]5f^86d^17s^2$

97 **Bk**
버클륨
berkelium
$[Rn]5f^97s^2$

98 **Cf**
칼리포늄
californium
$[Rn]5f^107s^2$

99 **Es**
아인슈타이늄
einsteinium
$[Rn]5f^117s^2$

100 **Fm**
페르뮴
fermium
$[Rn]5f^127s^2$

101 **Md**
멘델레븀
mendelevium
$[Rn]5f^137s^2$

102 **No**
노벨륨
nobelium
$[Rn]5f^147s^2$

103 **Lr**
로렌슘
lawrencium
$[Rn]5f^146d^17s^2$

게 헬륨가스를 들이마셔도 괜찮은 것일까?

헬륨가스는 비활성기체이기 때문에 들이마셔도 몸 안의 물질과 반응하지 않아 인체에 해를 끼치지는 않는다. 하지만 헬륨가스를 계속 들이마시면 산소 공급이 안 되어 산소 결핍으로 위험해진다.

그러면 물질의 고유한 특성을 바꾸는 연금술은 완전히 실패한 것일까? 뉴턴도 연금술에 빠져 비밀노트를 작성했다고 하는데 그도 허황된 꿈에 빠져 있었던 걸까? 자연 상태에서 발견된 원소는 약 90가지 정도지만 주기율표엔 118가지의 원소가 있다. 이건 어떻게 된 것일까?

사실 자연 발생 원소 외에도 인간의 실험에 의해 발견된 인공 원소들이 나머지 자리를 채우고 있다. 원자핵을 서로 충돌시키면 인공적으로 원소의 원자핵을 바꿀 수 있다. 새로운 원소가 만들어지는 것이다. 이렇게 만들어진 원소를 인공합성원소라 하며 방사성원소가 대부분이다. 물질의 고유한 특싱을 바꾸고 싶어했던 연금술사들의 꿈이 이루어진 것이다.

하지만 이것은 완전한 성공이 아니다. 이렇게 인공적으로 만든 원소들은 자연계에서 안정적으로 존재하지 못하고 시간이 지나면 다른 원소로 바뀌어버리기 때문이다.

원자와 이온

데모크리토스는 모든 물질은 쪼갤 수 없는 입자로 되어 있고 빈 공간이 있다고 생각했으나 아리스토텔레스는 물질은 쪼개다 보면 없어지고 빈 공간이 없이 꽉 차 있다고 생각했다.

물질은 입자로 되어 있을까? 아니면 꽉 차 있는 것일까?

이것을 확인하고 싶다면 풍선에 향수를 넣고 꽉 묶어 놓아보자. 아리스토텔레스의 생각대로라면 향수 냄새가 빠져나오지 못해야 한다.

그런데 시간이 지나면 향수 냄새가 솔솔 풍겨 나온다. 이는 고무 풍선의 입자들 사이 빈 공간으로 향수 입자가 빠져나오기 때문이다. 이번에는 비눗방울을 떠올려보자. 비눗방울을 불면 왜 터질까? 그 이유는 비눗방울을 이루는 입자들이 한없이 얇아지지 못하기 때문에 결국 터지고 마는 것이다.

비눗방울.

1803년 돌턴이 모든 물질은 더 이상 쪼갤 수 없는 입자인 원자로 이루어져 있다는 원자설을 제안했다.

1898~1903년에 영국의 물리학자 톰슨이 전자의 존재를 알아내어 (+) 전하를 띤 구에 (−) 전하를 띤 전

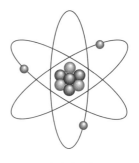
러더퍼드의
원자 모형으로 나타낸 리튬.

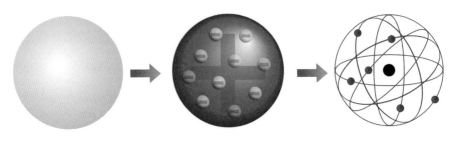

원자 모형의 변천.

자가 박혀 있다는 **건포도푸딩모형**을 제안했다. 1911년에는 러더퍼드가 알파입자 산란실험을 통해서 원자핵의 존재를 알게 되어 중심에 **원자핵**이 있고 전자가 그 주위를 도는 모형을 제안했다.

계속해서 1913년에는 보어가 전자가 정해진 궤도만 돈다고 가정했다.

현대에는 원자핵 주위에 전자가 구름처럼 퍼져서 전자의 위치를 알 수 없고 확률로만 계산할 수 있다는 **전자구름** 모형으로 원자를 설명하고 있다.

그렇다면 원소와 원자는 어떻게 다를까?

원소는 구성 성분의 종류이며 **원자**는 물질을 구성하는 입자를 말한다. 물을 예로 들면 물을 구성하는 원소는 수소와 산소이고, 수소 원자 2개와 산소 원자 1개로 구성되어 있다.

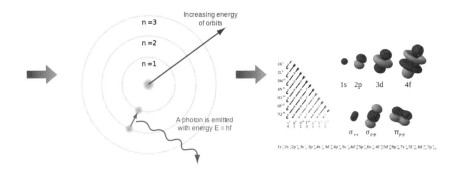

분자는 독립된 입자이며 물질의 성질을 가진 가장 작은 입자로 원자가 결합하여 만들어진다. 수소 원자 2개와 산소 원자 1개가 결합하면 물의 성질을 가진 물분자가 만들어진다. 분자는 원자와는 성질이 다른 새로운 입자이다. 어떤 원자가 누구와 어떻게 결합하느냐에 따라 분자의 종류가 달라진다. 물의 분자식은 H_2O로 나타낸다. **분자식**은 분자를 이루는 원자의 종류와 수를 원소기호로 나타낸 것이다. 분자식만 보아도 물질의 종류를 구별할 수 있다. 식물이 광합성을 하는 데 꼭 필요한 이산화 탄소로 이를 확인해보자.

이산화 탄소를 구성하는 원소는 산소와 탄소이고, 산소 원

$$CO_2$$

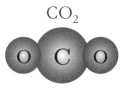

이산화 탄소

$$CO$$

일산화 탄소

자 2개와 탄소 원자 1개가 결합하여 이산화 탄소 분자(CO_2)를 이룬다. 일산화 탄소는 구성 원소가 산소와 탄소로 이산화 탄소와 같지만 산소 원자 1개와 탄소 원자 1개가 결합하여 일산화 탄소 분자(CO)를 이루는데 이산화 탄소와는 성질이 아예 다르다. 같은 원소들로 구성되어도 원자의 종류와 수에 따라 분자의 종류가 달라진다.

이제 어느 정도 원소, 원자, 분자가 각각 다른 개념이라는 것을 이해했을 것이다. 원자에 대해 좀더 알아보자.

원자의 구조를 살펴보면 중심에 (+) 전하를 띤 원자핵이 있고, 그 주위를 (−) 전하를 띤 전자가 돌아다닌다. 원자핵 주위를 도는 전자의 개수는 원자의 종류에 따라 다르다. 전자는 원자핵과의 정전기적 인력에 의해 원자핵 주위를 도는 데 원자핵의 (+) 전하량과 전자의 총(−) 전하량이 같기 때문에 원자는 전기적으로 중성이다.

원자의 크기는 원자핵 주위에 전자가 존재하는 공간의 크기를 의미하는 데 원자의 크기가 축구장이라면 원자핵은 그 안에 놓인 조약돌보다도 작다. 그럼 전자는 어떠할까?

전자는 눈에 보이지도 않는 먼지 수준이다. 원자핵이 원자 질량의 대부분을 차지하고 있으며 전자의 질량은 아주 작다.

원자의 가장 바깥쪽에 있는 전자들은 원자핵과의 정전기적 인력이 약해서 쉽게 떨어져나간다. 이렇게 떨어져나간 전자는 다른 원자와 만난다.

이온의 형성을 나타낸 모형

· 나트륨 이온의 형성

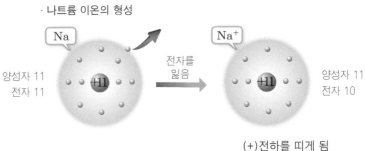

· 산화 이온의 형성

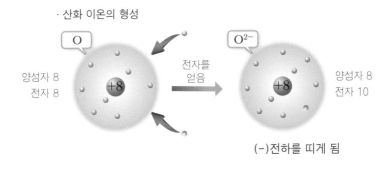

중성인 원자가 전자를 잃거나 얻으면 전하를 띠게 된다. 이렇게 전하를 띠게 된 입자를 이온이라고 한다. 전자를 잃어서 (+) 전하를 띤 입자를 양이온, 전자를 얻어서 (−) 전하를 띤 입자를 음이온이라고 한다.

중성인 원자가 이온이 되는 이유는 이온이 되면 18족 원소들과 같은 전자수를 가지게 되어 더 안정적이 되기 때문이다.

금속원소는 18족 원소보다 전자가 1~3개 더 많기 때문에 전자를 잃고 양이온이 되기 쉽고, **비금속원소**는 18족 원소보다 전자가 1~3개 적기 때문에 전자를 얻어 음이온이 되기 쉽다. 주기율표에서 같은 족에 속한 원소들은 가장 바깥쪽에 있는 전자의 수가 같기 때문에 같은 전하량을 가진 이온이 된다.

이온도 입자식처럼 원소 기호를 사용하여 이온식으로 나타낸다. 이온식에는 이온이 띠고 있는 전하의 종류와 얻거나 잃은 전자의 수를 같이 표시하는 데, 앞에 있는 이온 모형에서 볼 수 있듯이 원소 기호의 오른쪽 위에 +나 2- 등을 표시한다. 이온은 전하를 띠고 있기 때문에 이온이 들어 있는 수용액은 전기가 통한다. 증류수는 전기가 통하지 않지만 소금물은 전기가 통한다. 염화 나트륨이 물에 녹아서 나트륨 이온과 염화 이온으로 나누어졌기 때문이다.

수용액에 들어 있는 이온이 어떤 이온인지 확인하고 싶다면 앙금 생성 반응을 이용하면 된다.

칼슘을 많이 먹으면 뼈가 튼튼해진다는 말을 들은 적이 있을 것이다. 하지만 우유와 탄산 음료를 같이 마시는 건 좋지 않다. 우유의 칼슘 이온(Ca^{2+})이 탄산 이온(CO_3^{2-})과 반응하여 물에 녹지 않는 탄산 칼슘($CaCO_3$)을 만들기 때문이다. 탄산 칼슘은 몸에서 흡수가 잘 안 된다.

이처럼 서로 다른 전해질 수용액을 섞었을 때 특정 양이온과 음이온이 반응하면서 녹지 않는 앙금을 만드는 반응이 앙금 생성 반응이다. 조개가 진주를 만드는 것도 앙금 생성 반응이다.

조개는 바닷물 속에 있는 탄산 이온을 자기 몸에 있는 칼슘 이온과 반응시켜서 만들어진 탄산 칼슘으로 조개껍데기를 만드는데 몸 안에 불순물이 들어올 경우 이 탄산 칼슘으로 불순물을 감싸서 진주를 만든다.

$$Ca^{2+} + CO_3{}^{2-} = CaCO_3$$
칼슘 이온 + 탄산 이온 = 탄산 칼슘

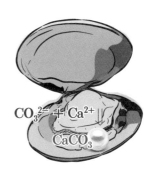

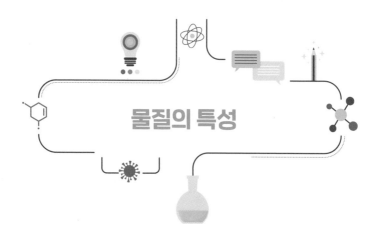

물질의 특성

우리 주위의 물질

우리 주변에 있는 물질은 순물질과 혼합물로 분류할 수 있다. 순물질은 금, 은, 철, 에탄올처럼 한 가지 종류의 물질로 이루어져 자신만의 성질을 가진 순수한 물질을 말하고 혼합물은 바닷물, 공기, 암석처럼 두 가지 이상의 순물질이 서로 섞여 있는 물질을 말한다.

순물질은 금처럼 한 가지 원소로만 이루어진 홑원소 물질과 에탄올처럼 두 가지 이상의 원소로 이루어진 화합물로 나눈다. 혼합물은 소금물처럼 성분 물질이 고르게 섞여 있는 균일혼합물과 흙탕물처럼 성분 물질이 고르게 섞여 있지 않은 불균일혼합물로 나눈다.

순물질은 한 가지 성분의 성질만 나타내기 때문에 물질의 특성인 녹는점, 끓는점, 밀도, 용해도 등이 일정하다.

혼합물은 구성하는 성분 물질들이 원래 가지고 있던 성질을 그대로 지니고 있기 때문에 성분 물질의 혼합비에 따라 녹는점, 끓는점, 밀도 등이 달라진다. 순물질과 혼합물은 끓는점만 비교해도 차이를 알 수 있다.

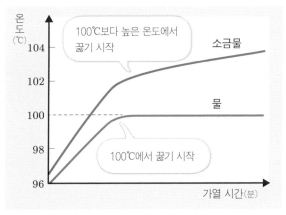

순물질과 혼합물의 끓는점 비교.
순물질인 물은 끓는점이 일정한데 혼합물인 소금물은 일정하지 않다.

혼합물은 성분 물질들이 그대로 섞여만 있는 물질이고 화합물은 성분 물질들이 반응하여 새로운 물질로 만들어진 물질이다.

예를 들면 산소와 수소가 섞여 있는 혼합 기체는 불이 탈 수 있게 하는 산소의 성질과 불이 닿으면 펑 터지는 수소의 성질을 그대로 가지고 있다. 이 혼합기체에 전기 불꽃을 일으키면 물이 만들어진다. 산소의 성질과 수소의 성질은 없고 전혀 다른 새로운 물의 성질을 가진 화합물이 된 것이다. 혼합물은 성분 물질이 그대로 섞여 있으니 물질의 특성을 이용하여 물질을 구분해낼 수 있다.

물질은 어떻게 구분할까?

같은 종류의 원소로 이루어졌다고 해도 원자의 배열과 종류, 수에 따라 물질의 종류도 달라진다. 그렇다면 서로 다른 물질인지는 어떻게 구분할까?

물질에는 그 물질만이 갖는 고유한 성질이 있다. 이를 물질의 특성이라고 한다. 그중 소금의 짠 맛처럼 사람의 오감으로 느낄 수 있는 성질은 겉보기 성질이라고 한다. 냄새, 맛, 색깔, 결정 모양, 광택, 촉감 등이 이에 속한다. 하지만 겉보기 성질만으로는 구별이 되지 않는 물질도 있다. 이런 물질을 구분하기 위해 사용하는 특성으로는 끓는점, 어는점, 녹는점, 밀도, 용해도 등이 있다.

끓는점

물을 가열하면 물의 온도가 점점 높아지다가 어느 순간 온도가 일정하게 나타나는 구간이 생긴다. 즉 1기압 상태에서 온도가 100℃에 이르면 액체 내부에서 기포가 발생하면서 끓는 동안 주어지는 열을 상태변화에 사용함으로써 온도가 변하지 않게 되는데 이때의 온도를 끓는점이라고 한다.

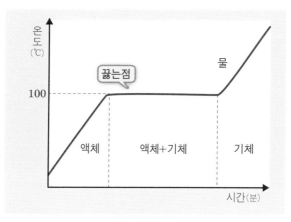

물의 가열곡선.

산으로 캠핑을 갔을 때 맛있는 밥을 하려면 냄비 뚜껑 위에 돌을 올려놓아야 밥이 설익지 않고 잘 익는다. 왜 그럴까? 또 냄비에 밥을 하는 것보다 압력밥솥에 할 때 더 빨리, 맛있는 밥이 되는 이유는 무엇 때문일까? 압력과 끓는점 사이에는 어떤 관계가 있는 것일까? 직접 밥을 해봤다면 한 번쯤 궁금했을 것이다.

끓는다는 건 액체 상태인 입자가 서로 입자 간의 인력을 끊고 기체 상태로 움직이는 것을 의미한다. 즉 외부 압력을 이기고 입자가 자유롭게 날아다닐 수 있게 되는 것이다. 그런데 압력이 높아지면 입자가 자유롭게 움직일 수 없도록 주변에서 누르고 있는 것과 같은 상태가 된다. 따라서 높아진 압력을 이기고 입자와 입자 간의 인력을 끊는 데 에너지가 더 필요하게 되므로 끓는점이 높아진다.

압력이 낮아지면 반대로 입자를 누르는 힘이 작아졌으므로 입자와 입자 간의 인력을 끊기 위해 필요로 하는 에너지가 적어지므로 **끓는점**이 낮아진다. 산 위로 올라갈수록 기압이 낮아지므로 물의 끓는점도 낮아지게 된다. 따라서 밥이 익기 전에 물이 끓으면서 열에너지를 다 쓰기 때문에 밥이 설익으므로 압력을 높여서 끓는점을 높이기 위해 냄비뚜껑에 돌을 올려놓는 것이다.

녹는점과 어는점

고체가 융해하여 액체로 변할 때의 온도를 **녹는점**이라 하고 액체가 응고하여 고체로 변할 때의 온도를 **어는점**이라 한다. 녹는점과 어는점에서는 온도가 변하지 않고 일정하게 유지되는데 물질의 종류에 따라 온도는 다르다. 같은 물질은 녹는점과 어는점도 같다.

대부분의 물질은 고체일 때의 부피가 액체일 때의 부피보다 작다. 즉 입자의 배열이 규칙적으로 되어 있기 때문에 대부분의 고체 물질은 압력이 커지더라도 녹는점이 낮아지지 않는다.

그렇다면 얼음은 어떨까? 만약 압력이 커져도 얼음이 녹지 않는다면 얼음판 위에서 스케이팅은 할 수 없을 것이다. 대부분의 고체물질과 달리 물은 얼

얼음이 언 호수 위에서 스케이트를 타고 있다.

음이 될 때 부피가 더 커진다. 왜냐하면 얼음의 결정 구조가 육각구조로 물일 때보다 빈 공간이 많아지기 때문이다. 그래서 압력을 받으면 얼음 결정이 흐트러지면서 0도 보다 낮은 온도일지라도 물로 상태변화를 하게 된다. 즉 녹는점이 낮아지는 것이다. 그래서 얼음판 위에서 스케이트를 타면 스케이트날의 압력에 의해 얼음이 녹으면서 스케이팅을 할 수 있게 된다.

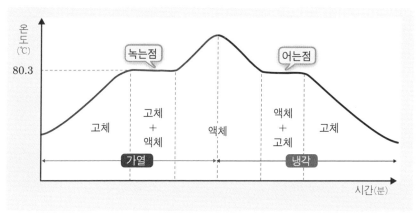

나프탈렌의 가열 냉각 곡선.

밀도

어떤 물질의 질량을 부피로 나눈 값이 **밀도**이다. 물질마다 그 물질을 이루는 입자의 종류가 다르기 때문에 물질의 질량을 부피로 나눈 값은 물질마다 다르다. 밀도는 물질의 단위 부피당 질량으로 나타낸다.

일정한 온도에서 밀도는 같은 물질에서는 일정하고 물질의 종류에 따라 다른 값을 갖는다. 이를 아래의 표에서 확인할 수 있다.

여러 가지 물질의 밀도

(단 25℃, 1기압일 때)

물질	금	물	얼음	이산화 탄소	수은
밀도(g/㎤)	19.3	1	0.92	0.0018	13.53

그래서 밀도는 물질을 구별하는 특성이 된다. 밀도가 큰 물질은 밀도가 작은 물질 아래로 가라앉는다. 물에 여러 가지 물질을 넣어보면 각각의 밀도에 따라 다른 위치에 뜨거나 가라앉는다. 물질이 서로 뜨고 가라앉는 현상을 봐도 밀도를 비교할 수 있다.

물질의 밀도는 온도와 압력에 따라 달라진다.

온도가 높아지면 입자의 운동이 활발해지면서 입자 사이 거리가 멀어지기 때문에 부피가 커진다. 하지만 질량은 입자의 수와 관계가 있기 때문에 온도가 달라져도 변화가 없다. 그래서 온도가 높아지면 대부분의 물질은 밀도가 작아진다.

하지만 물은 지구상 다른 물질과 다른 특징을 보인다. 물은 온도가 내려가면서 얼음으로 변할 때 일정한 결정 모양을 이룬다. 그래서 오히려 물이 얼음으로 상태가 변화할 때 부피가 커지기 때문에 물이 얼음보다 밀도가 크다. 물은 4℃에서 밀도가 가장 크다. 밀도가 작은 물질은 밀도가 큰 물질 위로 뜨기 때문에 얼음이 물에 뜬다. 빙하가 바다에 떠 있는 이유는 물의 특별한 성질 때문이다. 만약 물이 다른 물질들처럼 온도가 낮을수록 밀도가 커진다면 얼음은 물 아래로 가라앉을 것이고 지구의 생태계는 제대로 유지되기 어려웠을 것이다.

고체와 액체의 부피는 온도가 높아지면 부피가 약간씩 증가하기 때문에 밀도가 조금씩 작아지지만 압력에 대한 변화는 거의 없어서 밀도 변화도 거의 없다. 하지만 기체의 부피는 압력과 온도에 따라 변화가 크기 때문에 기체의 밀도를 나타낼 때는 온도와 압력을 함께 표시한다. 혼합물의 밀도는 섞여 있는 성분 물질의 비율이 어떻게 되는가에 따라 달라진다.

용해도

또 다른 특성으로는 용해도가 있다. 물에 소금을 녹이다 보면 어느 순간 더 이상 녹지 않는다. 물질마다 일정한 양의 용매에 녹을 수 있는 양이 정해져 있기 때문이다.

용해는 용질이 용매에 녹아 고루 섞이는 현상을 말한다. 용질 입자가 용매 입자들 사이로 들어가서 섞이기 때문에 전체 질량은 둘을 더한 값이지만 전체 부피는 둘을 더한 값보다 작아진다. 용질이 용매에 균일하게 섞여 있는 혼합물을 용액이라고 하는데, 용액의 진하기는 농도라 하여 용액 속에 용질이 얼마나 녹아 있는가를 나타낸다. 그리고 퍼센트 농도(%)로 나타낸다.

$$\text{퍼센트 농도} = \frac{\text{용질의 질량(g)}}{\text{용질의 질량(g)} + \text{용매의 질량(g)}} \times 100$$

$$= \frac{\text{용질의 질량(g)}}{\text{용액의 질량(g)}} \times 100$$

어떤 온도에서 일정량의 용매에 용질이 최대로 녹아 있는 상태를 포화되었다고 하며, 이와 같이 포화상태에 있는 용액을 **포화 용액**이라고 한다.

용해도란 어떤 온도에서 용매 100g에 용질이 최대로 녹아서 포화 용액이 되었을때 그 용액 속의 용질의 질량을 g으로 나타낸 값이다.

용매의 종류에 따라 같은 용질이라도 최대로 녹일 수 있는 양이 다르다. 예를 들면 소금은 물에 녹지만 에탄올에는 녹지 않는다. 또한 물에 소금은 녹지만 나프탈렌은 녹지 않는다.

같은 용매라도 용질의 종류에 따라 용해되는 정도도 다르다. 같은 양의 물에 소금과 설탕을 각각 녹여보면 포화 용액이 되었을 때 녹은 소금의 양과 설탕의 양이 다른 걸 볼 수 있다. 온도에 따라서도 달라질 수 있는데 온도에 따른 물질의 용해도 변화를 그래프로 나타낸 것을 **용해도 곡선**이라고 한다.

용해도 곡선을 보면 대부분의 물질이 온도가 높을수록 용해도가 커진다. 하지만 염화 나트륨은 온도 변화에도 용해도 차이가 별로 없다. 물질에 따라 온도에 따른 용해도 변화가 다를 수 있다.

물질의 상태에 따라서도 용해도는 달라진다.

고체와 액체의 용해도는 온도가 높을수록 용해도가 증가하고 압력의 영향은 거의 받지 않는다. 하지만 기체의 용해도는 온도는 낮을수록, 압력은 높을수록 증가한다. 탄산음료 뚜껑을 열면 갑자기 기포가 올라온다. 녹아 있던 기체의 용해도가 작아지면서 기체가 밖으로 빠져나오기 때문이다. 기체의 용해도는 온도와 압력의 영향을 다 받기 때문에 기체의 용해도를 표시할 때는 온도와 압력을 함께 표시해야 한다. 탄산음료를 맛있게 먹기 위해 뚜껑을 꼭 닫고 냉장고에 거꾸로 넣어두는 것은 기체의 용해도를 높여서 이산화 탄소가 음료 속에 녹아 있도록 하기 위한 방법이다.

용해도 곡선을 이용하면 온도에 따른 여러 물질들의 용해도를 서로 비교할 수 있고 또 용액이 냉각하면서 석출되는 용질의 양을 구할 수 있다.

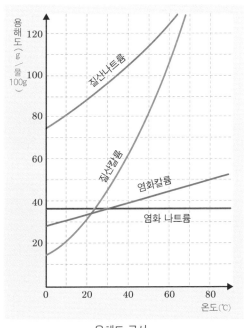

용해도 곡선.

용해도는 물질의 종류에 따라 값이 다르기 때문에 물질을 구별하는 특성이 된다.

이와 같은 물질의 특성을 이용하면 여러 가지 혼합물을 분리할 수 있다. 아래의 표를 살펴보자.

물질의 특성에 따른 혼합물의 분리.

표에서 볼 수 있듯이 물질의 특성을 이용하여 혼합물을 분리하는 방법은 우리 생활에서 다양하게 이용되고 있다.

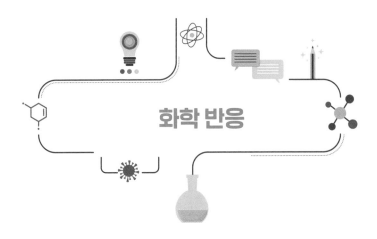

화학 반응

화학 반응

지금부터는 화합물에 대해 알아보자.

산소와 수소 원자가 결합하여 물이라는 새로운 입자가 만들어진다. 라부아지에는 물을 전기분해해서 수소와 산소로 분리한 뒤 다시 수소와 산소를 결합하여 물을 만들었다. 이렇게 서로 다른 원자가 만나서 결합하면서 새로운 물질로 변하는 것이 **화학 변화**이다.

화학 변화가 일어날 때 원자의 배열이 바뀌면서 새로운 입자가 만들어져 물질의 성질이 달라진다. 하지만 물이 얼거나 끓어서 상태가 바뀔 때는 입자 사이의 거리가 멀어지거나 가까워질 뿐 입자의 종류는 변하지 않는다. 이렇게 물질의 성질이 그대로인 변화를 **물리 변화**라고 한다. 화학 변화가 일어날 때 물질의 성질이 변하기 때문에 변화에 따른 다양한 현상이 나타난다. 고기를 구우면 색이 변하고 단단해지면서 냄새가 나는 것과 나무를 태우면 빛과 열을 내는 것도 화학 변화가 일어나기 때문이다. 이렇게 화학 변화가 일어나는 반응을 화학 반응이라 한다.

원자 배열이 어떻게 바뀌느냐에 따라 화학 반응도 여러 가지가 있다. 산소와 수소가 만나서 물을 만드는 반응처럼 두 종류 이상의 물질이 결합하여 새로운 한 종류의 물질을 만드는 반응인 화합, 물을 분해하여 산소와 수소를 만드는 반응처럼 한 종류의 물질이 두 종류 이상의 물질로 나뉘는 반응인 분해 그리고 아연을 염산 용액에 넣으면 염화아연과 수소가 만들어지는 반응처럼 반응 전에 화합물을 구성하는 원소의 일부가 반응하면서 다른 원소와 자리를 바꾸는 반응인 치환이 있다.

화합 $A + B = AB$

분해 $AB = A + B$

치환 $AB + C = AC + B$

어떤 종류의 화학 반응이 일어나든 화학 변화가 일어날 때 물질을 이루는 원자의 배열은 달라지지만 원자의 종류와 개수는 변하지 않는다. 그래서 반응하기 전 물질의 전체 질량과 반응한 후 물질의 전체 질량은 변하지 않고 늘 같다. 이를 **질량 보존의 법칙**이라고 한다. 1774년 프랑스의 과학자인 라부아지에가 처음으로 발표했다.

수소와 산소의 화학 반응식을 다시 살펴보자.

수소 + 산소 = 물   수소 + 산소 = 과산화수소

$$2H_2 + O_2 = 2H_2O$$ $$H_2 + O_2 = H_2O_2$$

수소 원자 2개와 산소 원자 1개가 화합하면서 물 입자 1개가 만들어지고 수소 원자 2개와 산소 원자 2개가 화합하면 과산화수소 입자 1개가 만들어진다. 이렇듯 원자들이 어떤 개수비로 결합하느냐에 따라 화합물의 종류가 달라진다.

화학 반응식만 보아도 어떤 물질들이 반응해서 어떤 물질이 만들어졌는지 알 수 있다. 게다가 반응하거나 생성되는 물질의 입자 수의 비도 알 수 있다. 물이 만들어지려면 수소 입자와 산소 입자가 항상 2:1로 만나야 한다. 산소 입자가 아무리 많아도 수소 입자가 다 반응해버리면 더 이상 반응이 일어나지 않는다. 화합물을 생성할 때 물질을 구성하는 원자가 항상 일정한 개수비로 결합하기 때문이다. 한 화합물을 만들 때 구성하는 원자들이 일정한 개수비로 결합하고 원자들의 질량은 일정하기 때문에 화합물을 구성하는 원소 사이의 질량비도 항상 일정하다. 그래서 화학 반응이 일어날 때 반응에 참여한 반응 물질 사이에 일정한 질량비가 성립하는데 이를 **일정 성분비 법칙**이라고 한다. 1799년 프랑스의 과학자 프루스트가 여러 가지 화합물을 만들면서 그 실험 자료를 분석하여 이 법칙을 발표했다. 예로 수소와 산소가 반응하여 물을 만드는 반

응에서 수소: 산소: 물 = 1 : 8 : 9 의 질량비가 성립한다.

프랑스의 과학자인 게이뤼삭은 수소와 산소가 반응하여 물을 만들 때 부피비가 어떻게 되는지 실험했다. 수소와 산소가 반응하여 물을 만들 때 수소 : 산소 : 물의 부피비는 2 : 1 : 2로 일정했다. 질소와 수소가 만나서 암모니아를 만들 때도 질소 : 수소 : 암모니아의 부피비는 1 : 3 : 2로 일정했다. 1808년에 게이뤼삭은 기체가 화학 반응을 할 때 반응하는 기체와 생성되는 기체의 부피 사이에 간단한 정수비가 성립한다는 기체 반응의 법칙을 발표했다.

기체 반응의 법칙과 돌턴의 원자설을 둘 다 성립하기 위해 원자가 아닌 새로운 개념이 필요하다는 걸 깨달은 이탈리아의 과학자 아보가드로는 기체의 성질을 가진 가장 작은 단위로 분자 개념을 만들었다. 아보가드로는 1811년에 온도와 압력이 같을 때 모든 기체는 기체의 종류와 관계없이 같은 부피 안에 같은 수의 분자가 들어 있다는 아보가드로의 법칙을 발표했다.

입자설이 과학계에서 공식적으로 인정받는 데에는 약 50년 가까운 세월이 걸렸다. 독일 태생의 미국 과학자인 아인슈타인이 1905년 브라운 운동에 대한 이론을 제시하고 1909년에 프랑스의 물리학자인 페랭이 아인슈타인의 이론을 실험적으로 증명하고 아보가드로수를 계산해냈다. 그리고 현재는 전자현미경을 통해서 입자의 입체구조를 분석하고 있다. 이 업적을 기려서 1mol에 들어 있는 입자의 개수를 아보가드로수라고 한다.

겨울에 손이 시리면 손난로를 흔들어서 그 열로 손을 녹이곤 한다. 흔들었을 뿐인데 왜 열이 날까? 손난로에 들어 있는 철이 공기 중의 산소와 반응해서 산화철이 만들어진다. 이때 주변으로 열을 방출한다. 산화철이 만들어지는 화학 반응은 에너지를 방출하는 발열 반응이기 때문이다.

반대로 화학 반응이 일어날 때 에너지를 흡수하는 반응도 있다. 질산암모늄이 물과 만나면 열을 흡수하여 주위 온도가 낮아진다. 이걸 이용하여 냉찜질팩을 만들 수 있다.

화학 반응이 일어날 때 원자 배열이 바뀌면서 열을 방출하거나 흡수하는 에너지 출입이 일어난다. 이러한 에너지 출입은 일상생활에서 유용하게 사용된다.

화학 반응 시 에너지 출입

발열 반응   흡열 반응

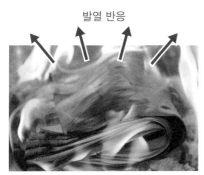 

종이의 연소 반응   탄산수소 나트륨의 분해 반응

그렇다면 화합물이 만들어질 때 원자들은 서로 어떻게 결합할까?

화합물이 만들어지는 결합은 **이온 결합**과 **공유 결합** 그리고 **금속 결합**이 있다. 앞에서 원자가 전자를 얻거나 잃으면 이온이 된다고 했다. 그럼 이온 결합은 어떻게 이루어질까? 바로 전자를 잃은 양이온의 (+) 전하와 전자를 얻은 음이온의 (−) 전하 사이에 서로 끌어당기는 힘, 즉 정전기적 인력에 의해서 만들어진 결합이 이온 결합이다.

이온 결합은 주로 주기율표 왼쪽에 위치하는 금속 원소와 주기율표 오른쪽에 위치하는 비금속 원소 사이에서 잘 이루어진다.

이온 결합 화합물은 양이온의 총 전하량과 음이온의 총 전하량이 같도록 항상 일정한 비율로 결합한다.

습기 제거제나 제설제로 많이 사용하는 염화 칼슘 ($CaCl_2$)의 경우 칼슘 이온

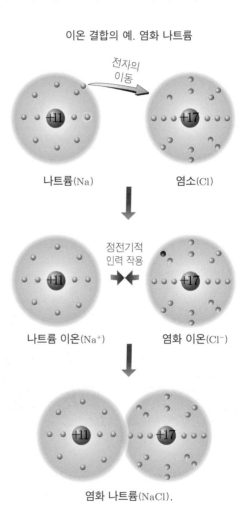

이온 결합의 예. 염화 나트륨

전자의 이동

나트륨(Na)　　　　염소(Cl)

정전기적 인력 작용

나트륨 이온(Na$^+$)　　　염화 이온(Cl$^-$)

염화 나트륨(NaCl).

(Ca²⁺) 하나에 염화 이온(Cl⁻) 2개가 결합하여 생성된다.

 염화 나트륨처럼 양이온과 음이온이 규칙적으로 배열되어 만들어진 결정을 이온 결정이라 한다. 석회암의 주성분인 탄산 칼슘, 빵을 만들 때 넣는 베이킹파우더의 탄산수소 나트륨 그리고 비누를 만드는 수산화 나트륨 등도 이온 결합 화합물이다.

 이온 결합 화합물은 고체 상태에서는 전류가 흐르지 않지만 열을 받아 융해되거나 물에 녹으면 양이온과 음이온으로 나뉘어서 전류가 흐를 수 있는 상태가 된다. 그래서 소금은 전기가 통하지 않지만 소금물은 전기가 통한다.

 그런데 산소와 수소 원자는 서로 전자를 주고 받을 수 없어서 이온 결합을 할 수가 없다. 이렇게 전자를 주고 받을 수 없는 비금속 원자들끼리는 어떻게 결합할까?

 안정적인 상태를 갖기 위해 원자들은 비활성기체와 같은 전자 수를 가지려 한다. 전자를 잘 주는 금속 원자와 전자를 잘 받는 비금속 원자는 서로 전자를 주고 받아 이온 결합을 하지만 전자를 받으려고만 하는 비금속 원자끼리는 어떤 방법을 사용할까? 비금속 원자들끼리는 서로 전자를 내놓아 함께 전자쌍을 공유하는 공유 결합을 한다.

 수소를 예로 들어보면 수소는 전

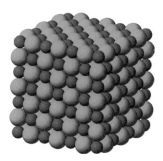

염화 나트륨 결정구조.
초록이 염화 이온, 보라가 나트륨이온.

자가 하나뿐인 원자라 안정적으로 되려면 한 개의 전자가 더 필요하다.

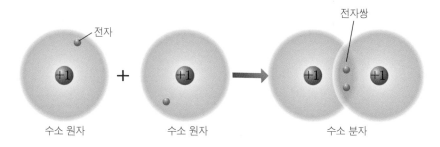

수소의 공유 결합.
서로 전자를 주거나 받을 수 없으므로 공유를 한다.

공유 결합은 주기율표의 오른쪽에 위치한 비금속 원소 사이에 형성되며 원자 사이에 공유 결합으로 이루어진 화합물이 분자다.

원자들마다 공유 결합을 형성할 수 있는 전자의 개수가 다르기 때문에 물질의 종류에 따라 분자를 이루는 원자의 종류와 수, 배열 상태가 다르다. 분자를 이루는 원자의 종류와 수를 화학식으로 나타낸 것을 분자식이라 한다. 공기 중의 산소(O_2), 수소(H_2), 염소(HCl) 등 기체는 공유 결합으로 이루어진 분자로 나타낸다. 공유 결합 물질은 분자 모형으로 나타내면 쉽게 이해할 수 있다.

금속 결합은 금속에 고르게 퍼져 있는 전자와 이온들 간의 전기적 인력이다. 한 종류의 수많은 원자들이 규칙적으로 배열되어 있어 분자식으로 나타내지 않고 금속을 이루는 원소의 기호만으로 나타낸다.

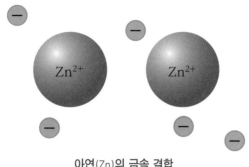

아연(Zn)의 금속 결합.

화학식으로 나타낼 때 이온 결합 물질은 양이온과 음이온의 개수비를 원소 기호의 오른쪽 아래에 표시하고 공유 결합은 분자를 이루는 원자의 개수를 원소 기호의 오른쪽 아래에 표시한다.

이온 결합 물질	공유 결합 분자
염화 칼슘 $CaCl_2$	물 H_2O
양이온 Ca^{2+} 1개 음이온 Cl^- 2개	수소 원자 2개 산소 원자 1개

소금은 고체 상태에서 전기가 통하지 않지만 물에 녹으면 전류가 흐른다. 소금처럼 고체 상태에서 전류가 잘 흐르지 않는 물질을 **부도체**라 하고 구리처럼 고체 상태에서 전류가 잘 흐르는 물질은 **도체**라 한다. 금속원소들은 모두 열과 전기가 잘 통한다. 고르게 퍼져 있는 자유 전자가 움직이면서 전류가 잘 흐르게 하기 때문에 금속은 도체이다.

소금처럼 물에 녹았을 때 전류가 흐르는 물질을 전해질, 물에 녹아도 전류가 흐르지 않는 물질을 비전해질이라고 한다. 전해질은 물에 녹으면 양이온과 음이온으로 나누어지는 이온화 현상이 일어난다. 물에 녹아 이온이 되면 전자의 이동을 도와주기 때문에 전류가 잘 흐르게 된다. 설탕 같은 비전해질 물질은 물에 녹아도 입자 상태 그대로 있기 때문에 전류가 통하지 않는다.

이 전해질 용액에 전극을 꽂으면 전류가 흐른다. 전류가 흐를 때 양이온은 (−)극으로 이동하여 전자를 얻고 음이온은 (+)극으로 이동하여 전자를 (+)극으로 주면서 전류가 흐르게 된다. 오렌지나 감자 등 야채나 과일에 전극을 꽂아도 전류가 흐른다. 야채나 과일 속 액체가 전해질 역할을 하기 때문이다.

1937년, 이라크의 수도 바그다드의 교외에서 약 2000년 전의 유물들이 나왔다. 그 안에는 점토로 만든 항아리와 구리로 만든 속이 빈 원통과 철 막대기가 있었다.

당시 발굴 책임자인 독일의 고고학자 쾨니히는 이 유물이 현대 전지와 비슷하

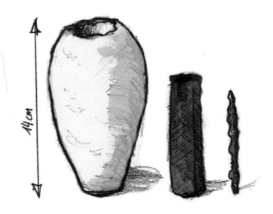

바그다드 박물관에 소장된 2천 년 전의 바그다드 전지 이미지.

다고 생각해서 자신이 알아낸 내용을 논문으로 발표했다. 하지만 제2차 세계대전이 일어나면서 논문은 묻혔다.

그후 미국의 과학자 그레이가 그 내용을 참고로 복제품을 만들어서 테스트하면서 세상에 다시 알려졌다. 그레이는 이 유물을 정확히 복제하여 약 2볼트의 전기가 나오는 것을 확인했다. 기원전 250년부터 224년 사이에 통치하던 파르티안 제국에서 제조한 이 유물을 통해 클레오파트라 시대에 이미 전지를 이용하여 금이나 은을 도금했다는 것을 알 수 있다.

현대 전지의 시초는 1800년에 알렉산드로 볼타가 발표한 볼타의 전지이다. 동전 모양의 두 금속판 사이에 전해질 용액을 적신 천 조각을 끼운 것을 여러 쌍 겹친 것으로, 양 끝에 전선을 연결하면 전류가 흐른다.

그 후 여러 가지 새로운 전지들이 발명되었고 최근에는 과거의 전지에 비해 성능이 월등한 리튬 전지가 개발되어 다양하게 사용되고 있다.

수용액 속의 이온들이 반응하여 물에 녹지 않는 화합물을 생성하는 반응이 일어나기도 하는데 이를 앙금 생성 반응이라고 한다. 앙금을 생성하는 반응을 이용하여 수용액에 들어 있는 이온의 종류를 알 수 있다. 병원에서 위와 장을 검사하기 위해 사용하는 조영제(황산 바륨)가 바로 이 앙금 생성 반응을 이용한 것이다.

최초의 볼타 전지.
1801년 프랑스의 나폴레옹 황제 앞에서 자신의 전지를 설명하는 이탈리아
의 과학자 알렉산드로 볼타.

산과 염기

생선초밥을 시키면 예쁘게 배열된 생선초밥과 간 와사비에 레몬조
각이 함께 나온다. 레몬 조각은 장식을 위한 면도 있지만 사실 레몬즙
은 생선의 비린내를 없애기 위해 꼭 뿌려야 한다. 어떻게 레몬즙이 생
선의 비린내를 없애는 걸까?

생선의 비린내는 염기성 물질인데 산성인 레몬즙과 만나서 중화 반

응이 일어나기 때문이다.

우리 주위 물질을 화학적 성질에 따라 산성, 염기성, 중성으로 나눌 수 있다. 산성이나 염기성에 따라 색이 변하는 물질인 지시약을 이용해서 구별한다.

산은 레몬즙같이 신맛이 나는 과일이나 식초, 탄산음료 등으로 물에 녹아 수소 이온을 내놓는 물질이다. 산성은 산이 가진 공통된 성질로 신맛이 나고 금속을 넣으면 수소 기체가 발생하며 금속이 녹고 달걀 껍데기 같은 탄산 칼슘과 반응하여 이산화 탄소 기체가 발생한다.

$$\text{산} \implies \text{수소 이온}(H^+) + \text{음이온}$$

염기는 생선 비린내, 비누, 치약, 제산제, 비료 등으로 물에 녹아 수산화 이온을 내놓는 물질이다. 염기성은 염기가 가지는 공통된 성질로 만지면 미끈거리고 쓴맛이 난다.

$$\text{염기} \implies \text{양이온} + \text{수산화 이온}(OH^-)$$

산이나 염기는 종류에 따라 내놓을 수 있는 수소 이온과 수산화 이온의 개수가 다르다. 산과 염기는 물에서 이온으로 존재하기 때문에 산, 염기 수용액은 모두 전류가 흐른다.

용액의 성질에 따른 지시약의 색 변화

	리트머스 종이	BTB 용액	메틸오렌지	페놀프탈레인	보라색양배추
산성	푸른색 → 붉은색	노란색	붉은색	무색	붉은색
염기성	붉은색 → 푸른색	파란색	노란색	붉은색	노란색
중성	변화 없음	초록색	주황색	무색	보라색

용액의 산성이나 염기성을 좀더 정확하게 비교하기 위해서 pH 시험지를 사용한다. pH는 수용액 속에 수소 이온이 얼마나 들어 있는가를 나타낸 값으로, 중성인 물의 pH는 7이다. pH 7을 기준으로 7보다 숫자가 작으면 산성, 7보다 숫자가 크면 염기성이다. 산성이 강할수록 pH는 작아지고 염기성이 강할수록 pH는 커진다.

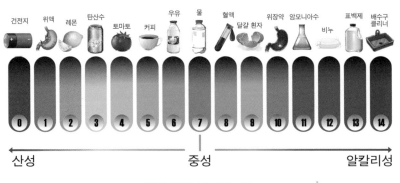

여러 가지 물질의 pH.

산과 염기가 만나면 중화 반응이 일어난다. 중화 반응은 산과 염기가 반응하여 물이 생성되는 반응이다. 산에 있는 수소 이온과 염기에 있는 수산화 이온이 서로 결합하여 중성인 물이 만들어진다. 산의 음이온과 염기의 양이온이 만나면 새로운 물질인 염이 만들어진다.

$$산 + 염기 \longrightarrow 물 + 염$$

강산인 염산과 강염기인 수산화 나트륨이 만나면 물과 염화 나트륨, 즉 소금물이 되어 산성과 염기성을 잃게 된다.

$$HCl + NaOH \longrightarrow H_2O + NaCl$$

중화 반응이 일어날 때 열이 발생하는데 이 열을 중화열이라고 한다. 산과 염기가 물에 녹을 때 종류에 따라 내놓을 수 있는 수소 이온과 수산화 이온의 개수가 다르기 때문에 산과 염기가 반응할 때 중성이 되는 지점을 중화점이라고 한다. 수소 이온과 수산화 이온의 수가 똑같아야 중화점에 이르는데 이때 중화열이 가장 많이 발생한다.

생선 비린내를 없애기 위해 레몬즙을 뿌리는 중화 반응 외에도 일상생활에서 중화 반응을 이용하는 경우가 많다. 위산이 많이 나와서 속이 쓰릴 때 염기성인 제산제를 먹으면 중화 반응이 일어나서 속이 편해진다. 벌이나 개미에 쏘였을 때 염기성인 묽은 암모니아수를 바르면 산성인 독이 중화된다. 산성으로 변한 토양이나 호수에는 염기성인 석회 가루를 뿌려서 중화시킨다. 이렇듯 생활 속에서 중화 반응은 다양하게 이용된다.

산화와 환원

만약 숨을 쉬지 않으면 어떻게 될까? 생물은 숨을 쉬지 않으면 죽는다. 숨을 쉬면서 들이마신 산소로 양분을 연소시켜서 얻은 에너지로 살아가기 때문이다. 공기 중 78%를 차지하는 질소는 반응성이 적은 기체이다. 하지만 공기 중 21%를 차지하는 산소는 다른 물질과 쉽게 반응하려는 성질이 있다. 특히 금속과 잘 반응해서 지각을 이루는 암석에 들어 있는 많은 금속 원소들이 산소와 결합된 상태로 존재한다.

금속이 산화되면 원래 금속과 전혀 다른 성질을 가지게 된다. 산소가 어떤 물질과 결합하는 반응을 산화라 한다. 물질이 빛과 열을 내면서 타는 현상인 연소는 산소와 빠르게 결합하는 산화 반응이다. 호흡은 느린 연소 반응이라고 할 수 있다. 1774년 영국의 신학자인 프리스틀리는 연소와 호흡에 관한 실험을 하다가 산소를 발견했다. 적색 산화수은을 가열하자 나온 무색의 기체 속에서 양초가 잘 타올랐다. 그는 쥐와 양초, 식물을 이용한 실험에서 식물의 광합성을 통해 연소와 호흡에 필요한 산소가 나온다는 것도 알게 되었다.

암석에 들어 있는 구리나 철을 순수하

불꽃 놀이.

게 사용하기 위해서는 결합되어 있는 산소를 제거해야 한다. 물질이 산소를 잃는 반응을 **환원**이라 한다. 금속 산화물에서 산소를 제거하는 과정을 **제련**이라고 한다. 청동기 시대가 철기 시대보다 먼저였던 이유는 구리를 제련하는 것보다 철을 제련하는 방법이 더 어려웠기 때문이다.

화학 반응이 일어날 때 한 물질이 산소를 얻으면 다른 물질은 산소를 잃게 되기 때문에 산화와 환원은 동시에 일어난다. 산소와의 반응뿐만 아니라 수소와의 반응, 반응할 때의 전자 이동으로도 산화와 환원을 이야기할 수 있다. 수소를 포함한 화합물이 수소를 잃으면 산화이고 물질이 수소와 결합하면 환원이다.

광합성과 호흡 반응의 화학식을 통해 산화 환원 반응을 살펴보자.

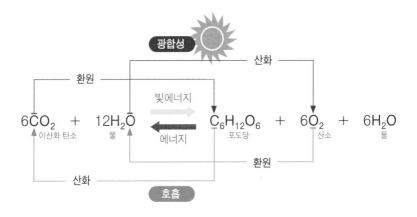

광합성 반응에서 이산화 탄소의 탄소 원자는 포도당이 되면서 산소를 잃어 환원되었고 물의 산소 원자는 수소를 잃어 산화되었다. 호흡 반응에서 포도당의 탄소 원자는 수소를 잃어 산화되었고 산소는 수소와 결합하여 환원되었다.

금속이 전자를 잃는 반응도 산화이고 전자를 얻는 반응은 환원이다. 물을 분해해서 산소와 수소를 얻는 과정도 산화 환원 반응이다. 수소는 산소를 잃었기 때문에 환원되었고 산소는 수소를 잃었기 때문에 산화되었다. 아연과 구리로 만든 화학전지에서 일어나는 화학 반응도 산화 환원 반응이다. 아연은 전자를 잃어 산화되고 구리는 전자를 얻어 환원된다.

건물이나 다리, 비행기 등이 녹슬면 부식되어 위험하다. 부식은 금속이 공기 중에서 산소와 결합하여 산화가 되면서 산화된 금속이 부서지는 현상이다. 그래서 금속이 부식되지 않게 하기 위해 페인트나 에나멜, 기름 등을 칠하여 금속이 공기와 접촉하는 걸 막는다.

전기와 자기

전 기

고대인들은 전기뱀장어 같은 전기를 내는 물고기에 의한 전기 충격에 두려움을 느꼈다. 또 고대 그리스인들은 열과 압력으로 굳어진 송진 화석인 호박을 마법의 돌이라 하여 신비롭게 여겼다. 천으로 호박을 닦으면 머리카락이나 작은 물체들이 끌어당겨져서 달라붙는 현상을 보았기 때문이다. 그런데 그리스의 과학자인 탈레스는 이 이야기를 듣고 직접 호박에 천을 문질러 발생하는 현상을 관찰했다. 하지만 그 원리에 대해 증명하지는 못했다. 대신 기록으로 남겨서 전기에 대한 최초의 기록자가 되었다.

그로부터 2000년이 지난 후에야 영국의 의사였던 길버트가 호박을 문지를 때 물체를 끌어당기는 현상이 자석이 쇠를 끌어당기는 현상과 다르다는 것을 발견하고 이 현상을 'elektrica'라 불렀다. 전기를 뜻하는 영어인 'electricity'는 여기서 나온 말이다.

겨울에 스웨터를 벗을 때 타닥거리면서 따끔거리는 현상도 같은 현상으로 **마찰 전기**라고 한다. 마찰 전기는 서로 다른 두 물체가 마찰할 때 두 물체 간에 전자가 이동하면서 생기는 현상이다.

전자가 이동하면서 순간적으로

윌리엄 길버트. 전기와 자기의 아버지라 불리기도 한다.

(+)전기를 띠는 물체와 (−)전기를 띠는 물체가 생겼다가 시간이 지나면 다시 원상태로 돌아온다. 이때 물체가 전기를 띠는 것을 대전이라 하고 전기를 띠게 된 물체를 **대전체**라고 한다. 대전된 물체 사이에는 서로 밀거나 잡아당기는 전기력이 작용하는데 서로 같은 종류의 전기를 띤 물체 사이에는 밀어내는 **척력**이 작용하고 서로 다른 종류의 전기를 띤 물체 사이에는 잡아당기는 **인력**이 작용한다. 전기를 띠지 않는 금속 물체에 대전체를 가까이 하면 금속 물체 내의 전자가 재배열되는데 대전체와 가까운 쪽은 대전체와 다른 종류의 전하를 띠고 먼 쪽은 대전체와 같은 종류의 전하를 띤다. 이런 현상을 **정전기 유도**라고 한다.

정전기 유도 현상을 이용하여 물체의 대전 여부를 알아보는 검전기로 물체가 대전되었는지, 어떤 전하로 대전되었는지, 대전된 전하의 양을 비교하여 알 수 있다.

고깃집에서 불을 붙일 때 사용하는 압전기나 번개도 마찰 전기 현상이다.

마찰 전기는 순간적으로 일어났다가 사라지지만 전하량이 많을 경우 화재와 폭발을 일으킬 수 있는 위험한 현상이다. 유조차 같은 인화성 물질을 실은 차는 뒤쪽에 땅에 닿을 정도로 긴 철사줄을 늘어뜨리고 달린다. 이는 차체에 생기는 마찰 전기를 땅으로 흘려보내기 위해서이다. 그렇게 하지 않으면 마찰 전기에 의해 폭발이 일어날 수도 있다.

마이클 패러데이. 도선 주위의 자기장의 변화가 전류를 발생시킨다는 '전자기 유도법칙'을 발표하여 전기문명의 기초를 만들었다.

전류, 전압, 저항에 대하여

도선으로 연결된 상태에서 전자의 이동은 방향성을 가지게 된다. 이러한 전하의 흐름을 **전류**라고 한다. 전지를 발명한 후 과학자들은 전지의 (+)극에서 (−)극으로 전류가 흐른다고 약속했다. 그때는 전자의 존재를 모를 때였다. 그런데 전류가 흐르는 것은 (−)전하를 띤 전자들의 움직임 때문이었다. (−)전하를 띤 전자들은 전지의 (−)극에서 (+)극으로 이동한다. 전류는 전자의 이동이라고 했는데 실제 방향과 반대로 약속을 해버린 것이다. 그래도 어쩔 수 없다. 전류는 (+)극에서 (−)극으로, 전하의 이동은 (−)극에서 (+)극으로라고 기억하는 수밖에.

전류가 계속 흐를 수 있도록 전기 기구를 도선으로 연결한 것을 전기회로, 이를 간단한 기호로 나타낸 것을 전기회로도라고 한다.

전기기구의 기호

명칭	전기 기구	기호	명칭	전기 기구	기호
건전지			전구		
스위치			저항	R_1 R_3 R_2	
전류계			전압계		

전류의 세기는 단위 시간 동안 회로의 어느 한 부분을 지나는 전자의 수로 나타낼 수 있다. 전류는 I로 표시하고 전류의 단위는 암페어(A)를 사용한다. 1A는 1초 동안에 도선의 한 부분을 6.25×10^{18}개의 전

자가 지나간다는 것을 의미한다. 전기 제품을 살펴보면 전압과 전류 등이 표시된 것을 확인할 수 있다.

전하량은 일정 시간 동안 흐른 전류의 세기인데 단위로 C(쿨롬)을 사용한다. 단위 이름이 왜 암페어, 쿨롬일까? 그것은 그 현상을 발견하고 연구한 과학자의 이름을 기념으로 단위로 사용하기 때문이다. 암페어는 프랑스의 물리학자 앙페르를, 쿨롬은 프랑스의 물리학자 쿨롱을 기념한다.

전류의 흐름을 물레방아에 흐르는 물로 비유하곤 한다.

전구가 직렬로 연결된 회로의 경우, 하나의 수로에 물레방아 두 개가 차례로 있다고 생각해보면 물의 속력은 어디에서나 같다는 것을 알 수 있다. 전구를 통과하기 전과 후의 전류의 세기가 같고 같은 시간 동안 흐르는 전하량은 도선 어디에서나 같다.

그렇다면 전구가 병렬로 연결된 회로의 경우는 어떨까? 수로가 둘로 나뉘어 물레방아가 각각 하나씩 있다면 물이 양쪽으로 갈라져서 흐르게 되지만 물의 총량은 같다. 즉 두 갈래로 나뉘어 흐르는 전류의 합은 나뉘기 전 전류의 세기와 같다.

이처럼 도선에 흐르는 전하량은 새로 생기거나 없어지지 않으므로 항상 일정하게 보존된다. 이를 전하량 보존 법칙이라고 한다.

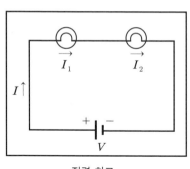

직렬 회로.
(직렬 연결 $I=I_1=I_2$)

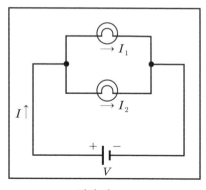

병렬 회로.
(병렬 연결 $I=I_1+I_2$)

수로를 높게 하여 물의 수압을 높이면 물은 더 세게 흐르게 된다. 이를 전기회로에 적용해도 비슷하며 전기 회로에서 전류를 흐르게 하는 능력을 전압이라고 한다.

전압의 단위는 V(볼트)로, 볼타 전지를 만든 볼타를 기념하여 붙인 것이다.

전지 여러 개를 직렬로 연결하면 전압이 커져서 전구의 밝기가 밝아진다. 하지만 전지 여러 개를 병렬로 연결하면 전구의 밝기는 그대로인데 그 수명이 전지의 개수만큼 오래 간다.

전압은 전류를 흐르게 하는 능력이므로 저항이 일정할 때 전류의 세기는 전압에 비례한다. 그렇다면 전압이 일정할 때 전류의 세기도 일정할까? 이때는 저항에 따라 달라진다. 전압이 일정할 때 전류의 세기는 저항에 반비례하기 때문이다.

독일의 물리학자 옴은 전기 저
항에 따른 전류와 전압의 관계를
밝히기 위해서 도체의 굵기나 길
이를 바꾸면서 전류의 세기를 측
정하는 실험을 했다. 그리고 1827
년에 '전류의 세기는 전압에 비례
하고 저항에 반비례한다'는 옴의

옴의 법칙.

법칙을 발표했다. 간단하게 식으로 나타내면 $I = \dfrac{V}{R}$ 이다.

옴의 법칙은 그때까지 혼란스러웠던 전압, 전류, 저항의 관계를 밝
히면서 전기 회로 이론을 세우는 기초로 작용했다.

구리처럼 전류가 잘 흐르는 물질이 있는가 하면 나무처럼 전류가
잘 흐르지 않는 물질도 있다. 이는 각 물질의 전기 저항의 크기가 다르
기 때문이다. 전기 저항이란 전자들의 이동을 방해하는 성질을 말한
다. 즉 전자들이 이동할 때 물체를 이루는 원자들과 충돌하기 때문에
쉽게 이동할 수가 없다. 전기 저항의 단위는 Ω(옴)으로 1Ω(옴)은 전
압이 1V일 때, 1A의 전류를 흐르게 하는 도선의 전기 저항을 말한다.

전기 저항은 전자가 이동할 때 일어나는 물체를 이루는 원자들과의
충돌이다. 그래서 도선의 길이가 길어지면 더 오랫동안 충돌해야 하므
로 저항이 커지고 도선의 단면적이 커지면 원자들과 충돌이 줄어들어
서 저항이 작아진다. 또한 물질의 종류에 따라서도 달라지는 데 대부
분의 금속 물질은 저항이 작아 전류가 잘 흐른다. 반대로 대부분의 비

금속 물질은 저항이 커서 전류가 잘 흐르지 못하며, 저항이 적은 물질을 도체, 저항이 큰 물질을 부도체라 한다.

전구를 직렬로 계속 연결하면 전구의 불빛은 점점 약해진다. 만약 전구를 여러 개 연결하여도 전구의 밝기가 변하지 않게 하려면 어떻게 해야 할까?

저항을 직렬로 연결하면 도선의 길이가 길어진 효과가 되어 전체 저항이 증가한다. 즉 전체 저항은 각 저항의 합과 같다. 그리고 전하량 보존 법칙에 따라 각 저항에 흐르는 전류의 세기는 같다. 하지만 전체 전압은 각 저항에 걸리는 전압의 합과 같다.

저항을 병렬로 연결하면 도선의 굵기가 굵어진 효과가 되어 전체 저항은 감소한다.

각 저항에 걸리는 전압은 전체 전압과 같고 각 저항에 흐르는 전류의 합은 회로 전체 전류와 같다. 전구를 직렬로 연결할 때가 병렬로 연결한 때보다 저항이 커지기 때문에 전류가 약해져 전구의 불빛이 어두워지게 되는 것이다. 따라서 전구를 병렬로 연결해야 밝기가 변하지 않는다. 하지만 전지는 직렬로 연결해야 전체 전압이 커져서 전구가 밝게 된다.

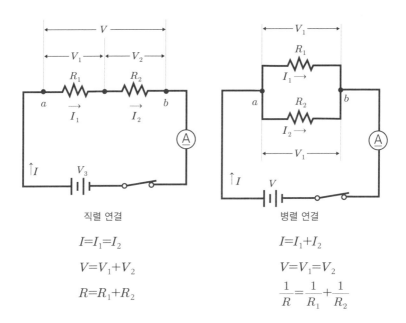

직렬 연결

$$I=I_1=I_2$$
$$V=V_1+V_2$$
$$R=R_1+R_2$$

병렬 연결

$$I=I_1+I_2$$
$$V=V_1=V_2$$
$$\frac{1}{R}=\frac{1}{R_1}+\frac{1}{R_2}$$

전자가 이동하면서 원자와 충돌하게 되면 원자의 운동이 활발해져 열이 발생한다. 이때 발생하는 열에너지를 이용한 전기기구가 전기다리미나 전기밥솥, 전기난로 같은 전열기이다. 전기 에너지를 열에너지로 바꾸어 사용하는 기구인 것이다.

전기 에너지는 전류가 흐를 때 공급되는 에너지로, 전압과 전류와 시간의 곱으로 구할 수 있다. 영국의 과학자 줄

전기 밥솥.

이 전류가 흐를 때의 열효과 연구를 했기 때문에 그를 기념해 J(줄)을 단위로 사용한다. 1J은 1V의 전압으로 1A의 전류가 1초 동안 흐른 전기 에너지이다.

전기 기구가 1초 동안 소비하는 전기 에너지를 전력이라 한다. 소비 전력이 큰 전기기구는 시간당 더 많은 전기 에너지를 소비하기 때문에 제품을 살 때 소비전력을 따져봐야 한다.

일정한 시간 동안 사용한 전기 에너지량이 **전력량**이다. 전력량은 전력과 사용 시간을 곱한 값으로 Wh(와트시)나 kWh(킬로와트시)를 단위로 사용한다.

그렇다면 우리 주변의 자연현상에서 발견할 수 있는 전기로는 어떤 것이 있을까?

라디오 송전탑에 떨어지는 번개.

세상이 빛으로 갈라지는 듯이 번개가 치고 나면 천둥 소리가 들린다. 전기현상 중 가장 다이나믹한 현상의 하나가 번개이다. 번개는 전하를 가진 입자들이 빛의 속도처럼 빠르게 움직이면서 공기 입자들과 충돌하여 밝은 빛을 뿜어내는 현상으로, 전압 10억V에 전류 수 만A의 전기량을 가진다. 이로 인해 뜨거워진 공기가 팽창하면서 엄청 큰 소리를 내는 것이 천둥이다.

번개가 전기 현상이라고 생각한 과학자들은 이를 증명하기 위해 여러 가지 실험을 했다. 미국의 벤자민 프랭클린도 그중 한 사람으로, 연을 띄워서 번개를 받아 금속 열쇠에 전기 불꽃이 튀는 것을 보고 번개가 전기 현상임을 확인했다. 이를 계기로 발명한 피뢰침은 전 세계 고층건물의 필수품이 되었다.

프랭클린처럼 좋은 결과를 낸 과학자도 있지만 번개의 전기 세기를 측정하려 한 게오르그 리히만은 비극적인 결말을 맞았다.

1753년 7월 26일 리히만은 천둥 번개가 치자 전기를 유도하기 위해 자신이 개발해 걸어놓은 금속에 가까이 다가갔다가 때마침 친 번개에 맞아 즉사했다.

전기는 TV, 컴퓨터, 냉장고, 핸드폰, 빛에 이르기까지 편리하게 사용하는 에너지이지만 잘못 취급할 경우 목숨을 잃고 화재를 불러올 수 있는 등 위험한 에너지이기도 하다. 따라서 위험한 전기를 안전하게 사용하려면 여러 면에서 주의해야 한다.

자기

철새들은 일정한 시기가 되면 먼 거리를 이동한다. 기러기는 시베리아 북부지역에서 우리나라까지 날아온다. 나침반도 없는데 어떻게 정확하게 목적지를 찾아가는 걸까?

철새의 머리에는 작은 자석이 들어 있다고 한다. 이 자석으로 지구자기장을 감지하여 목적지를 찾아가는 것이다. 지구는 자석의 성질을 띠고 있기 때문에 나침반의 N극이 지구의 북극을 가리킨다. 자석과 자석 사이 또는 자석과 쇠붙이 사이에 작용하는 힘을 자기력이라 한다. 자기력이 미치는 공간을 자기장이라 하는데 지구의 자기력이 미치는 공간이 지구 자기장이다. 눈에 보이지 않는 자기력의 모습을 선으로 나타낸 것이 자기력선이다. 자기력도 전기력처럼 같은 극끼리는 서로 밀어내는 척력이 작용하고 다른 극끼리는 서로 잡아당기는 인력이 작용한다.

전류와 자기는 무슨 관계일까?

전동기 내부를 본 적이 있는가? 전동기 속에는 자석과 코일이 같이 있다. 전류와 자석 사이에는 어떤 관계가 있는 것일까?

덴마크의 과학자인 외르스테드는 전기 회로 실험을 하다가 주변에 있는 나침반이 움직이는 걸 보았다. 전류가 흐르는데 나침반 바늘이 움직인 이유가 궁금해진 외르스테드는 여러 실험을 통해서 전선을 흐르는 전류가 자기장을 발생시킨다는 결론을 내렸다. 전류가 흐를 때

자기장이 생겨서 나침반의 바늘이 움직인 것이다. 이때 전류의 방향에 따라 나침반의 N극이 가리키는 방향이 달라진다.

오른손으로 전류에 의한 자기장의 방향을 쉽게 알 수 있다. 오른손의 엄지손가락을 전류가 흐르는 방향으로 향하게 하고 나머지 네 손가락으로 도선을 감으면 자기장의 방향은 네 손가락이 가리키는 방향과 같다. 전류의 세기에 비례해서 자기장의 세기는 세지고 도선으로부터 멀어질수록 자기장의 세기는 약해진다. 이를 이용해서 자기장의 세기를 조절할 수 있고 원하는 대로 자기장을 만들 수 있는 전자석을 만들어냈

고물상에서 이용하는 전자석 기중기.

다. 전자석을 이용하여 자기 부상 열차나 레일건도 만들 수 있고 고물상에서는 전자석 기중기를 이용하여 무거운 고철을 운반할 수 있다.

전동기는 자석과 코일이 같이 있는데 자석의 자기장과 코일에 전류가 흐르면서 만들어진 자기장 사이에 자기력이 작용하면서 작동하는 기구이다. 자석의 자기장 방향과 전류의 방향이 서로 수직일 때 자기력의 세기가 가장 크다. 이러한 원리를 이용하여 전류계, 전압계, 스피커 등을 만들었다.

외르스테드의 연구를 본 영국의 과학자 패러데이는 거꾸로 자기장을 이용하여 전류를 만드는 실험을 했다. 1831년 패러데이는 코일 근처에서 자석을 움직이거나 가만히 있는 자석 주위에서 코일을 움직이

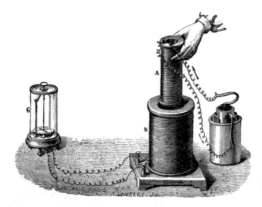

패러데이의 전자기 유도 실험.

면 코일에 전류가 흐르는 것을 발견했다. 이 현상을 전자기 유도 현상이라고 한다. 자석 속에서 코일을 회전시키면 시간에 따라 코일을 통과하는 자기장이 변하면서 전류가 만들어진다. 이러한 원리를 이용하여 발전기는 전자기 유도 현상을 이용하여 역학적 에너지를 전기 에너지로 바꾼다.

1864년에 영국의 과학자인 맥스웰이 전자기 현상을 설명하기 위한 방정식을 제안하고 독일의 과학자인 헤르츠가 1884년에 전자기파를 만들어냈다. 1897년에 이탈리아의 엔지니어인 마르코니가 전자기파를 무선에 이용하는데 성공하면서 무선 통신 시대가 열렸다. 여러분들이 손에서 놓지 못하는 휴대전화도, 텔레비전 방송도, 우주로 날아간 우주선들이 촬영한 여러 행성들에 대한 정보를 수신하는 것도 모두 전자기파를 이용하는 기술이다.

제 6 장

물리적인 일을 할 수 있는 능력
에너지

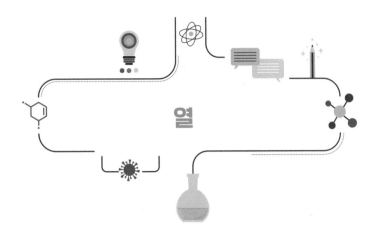

열

지구는 갈수록 뜨거워지고 있다?

태양에서 방출되는 태양 복사 에너지는 매순간 지구로 날아와 생명체가 살 수 있는 에너지원이 되고 있다. 또 우리 몸은 음식물로부터 얻은 영양소를 분해하여 열을 발생시켜 체온을 유지한다.

체온은 몸의 온도를 말한다. 그렇다면 온도와 열은 정확히 무엇을 말하는 것일까?

온도는 물체의 차고 뜨거운 정도를 나타낸 수치로 물체를 구성하는 입자의 운동이 활발한 정도를 말한다. 우리나라는 체온이나 기온 등을 섭씨온도로 나타낸다. 섭씨온도는 1기압에서 물의 어는점을 0, 끓는점을 100으로 정하고 그 사이를 100등분하여 나타낸 온도이다. 화씨온도는 1기압에서 물의 어는점을 32°, 끓는점을 212°로 정하고 그 사이를 180등분하여 나타낸 온도이다.

기체의 부피는 온도가 올라갈수록 일정하게 늘어난다. 만약 반대로 온도가 낮아지면 어떻게 될까? 일정하게 부피가 줄어든다.

계속해서 온도가 내려가면 어느 순간 기체의 부피가 0이 되는 온도가 나오게 될까?

기체의 부피가 0이란 것은 기체가 사라졌다는 것이다. 하지만 실제로 그런 일은 일어나지 않는다. 그 전에 기체는 액체나 고체로 상태변화를 하기 때문이다. 입자의 운동은 온도가 내려갈수록 점점 둔해지는데 이론적으로 입자의 운동이 정지하는 온도를 절대0도라고 한다. 이 절대0도를 기준으로 온도를 나타내는 것이 **절대온도**다. 절대0도는 섭씨온도로 나타내면 −273℃이다. 영국의 과학자인 켈빈이 제안했기 때문에 **켈빈온도**라고도 하며 단위로 K(켈빈)을 사용한다.

그러면 온도는 얼마나 높이 올라갈 수 있을까?

입자의 운동이 활발해지면 온도가 높아진다. 온도가 높아지면 입자의 운동이 또 활발해진다. 온도가 높아지는 만큼 입자운동은 활발해질 수 있기 때문에 온도의 상한선은 없다. 태양의 내부 온도는 10^7K인데 중성자별의 내부는 그보다 100배나 더 뜨겁다.

체온이 높을 때 차가운 물수건을 이마에 얹으면 수건이 미지근해지면서 체온이 내려간다. 즉 뜨거운 물체와 차가운 물체가 닿으면 온도가 같아진다. 이때 뜨거운 물체에서 차가운 물체로 이동한 에너지를 열이라고 한다. 온도가 다른 두 물체가 서로 접촉하면 열은 온도가 높은 쪽에서 낮은 쪽으로 이동해 두 물체의 온도가 같아지며, 더 이상 열의 이동이 없는 상태가 **열평형**이다. 열평형 상태가 되려면 온도가 높은 쪽의 입자운동은 둔해지고 온도가 낮은 쪽의 입자운동은 활발해져서 양쪽 입자의 운동 정도가 같아져야 한다.

전도, 대류, 복사란 무엇인가?

그렇다면 열은 접촉했을 때만 이동이 가능할까? 접촉한 물체 사이에서 열이 이동하는 현상은 라면을 먹을 때 곧잘 경험한다. 젓가락을 뜨거운 국물에 넣으면

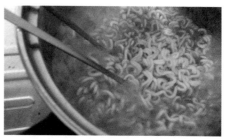

뜨거운 라면에 젓가락을 넣으면 젓가락을 따라 전도현상이 일어난다.

젓가락이 뜨거워지는 열 이동을 **전도**라고 한다. 접촉했을 때 온도가 높은 쪽에서 낮은 쪽으로 입자들이 주변입자로 열을 전달하는 방식이다. 온도가 높은 쪽 입자들이 온도가 낮은 주변 입자들보다 움직임이 활발해서 서로 충돌하게 되면 이웃입자들의 운동도 활발해진다.

주로 고체 상태 물질일 때 제자리에서 입자들의 진동이 커지면서 열을 잘 전달한다. 하지만 입자들의 이동은 없다. 둥글게 둘러앉아서 바로 옆사람에게 수건을 전달하는 놀이를 떠올리면 된다. 수건이 열이고 사람이 입자라면 사람은 수건을 전달만 하고 자리를 이동하지 않는 것과 같다.

또 다른 열이동으로는 어떤 것이 있을까? 여름에 에어컨을 켜면 에

어컨 앞뿐만 아니라 멀리 떨어진 곳까지 온도가 낮아진다. 차가워진 공기가 방 안을 이동하기 때문이다. 목욕탕에서 뜨거운 물을 틀면 탕 속의 물 전체가 뜨거워진다. 수도꼭지에서 나온 뜨거운 물이 탕을 돌면서 골고루 뜨겁게 만들기 때문이다. 이렇게 액체나 기체에서 입자들이 열을 가지고 이동하는 현상을 대류라고 한다. 수건 돌리기 게임에서 수건을 든 술래가 다른 사람에게 달려가서 그 수건을 주는 방법이라 하겠다. 따뜻해진 공기가 위로 올라가고 차가워진 공기는 아래로 내려가면서 나타나는 공기의 흐름인 바람도 대류현상의 예이다. 이때 바람은 상대적으로 기온이 낮은 쪽에서 기온이 높은 쪽으로 분다.

대류 현상을 이용하는 냉난방기구를 설치할 때 난방기구는 아래쪽에 설치하고 냉방기구는 위쪽에 설치해야 효율적으로 열전달을 이용할 수 있다.

그럼 태양에서 지구까지 열은 어떻게 오는 것일까? 중간에 열을 가져다 줄 액체나 기체도 없고 태양과 지구는 멀리 떨어져 있음에도 말이다. 이렇게 물질을 통하지 않고 열에너지가 빛의 형태로 직접 전달되는 현상을 복사라고 한다. 그래서 태양 복사 에너지라고 부른다. 앞서 말한 수건돌리기 놀이로 생각해보면 술래가 수건을 다른 사람에게 던지는 경우가 복사라고 할 수 있다. 모든 물체가 자신의 온도에 해당하는 복사 에너지를 방출하기 때문에 열화상 카메라를 이용하면 복사열을 찍을 수 있다.

실제 열이 이동할 때 이 세 가지 방법이 복합적으로 작용하여 일어나는 경우가 많다. 이러한 열의 이동을 막는 것이 단열이다. 보온병은 유리벽 사이에 진공 공간을 두어 전도와 대류에 의한 열 전달을 막고 은도금을 하여 복사에 의한 열 손실을 막는 원리이다.

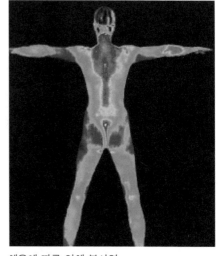
체온에 따른 인체 복사열.

라면은 냄비에 끓여야 맛있다?

앞에서 바람은 대류현상이라고 했는데 바닷가에서 만나는 바람의 방향이 낮과 밤에 따라 다른 것은 왜일까? 왜 낮에는 해풍이 불고 밤에는 육풍이 불까? 그 이유는 다음과 같다.

낮에는 육지가 바다보다 먼저 데워져서 상대적으로 차가운 바다에서 따뜻한 육지로 바람이 분다. 반대로 밤이 되면 육지가 먼저 식기 때문에 차가운 육지에서 따뜻한 바다로 바람이 분다.

낮: 해풍
밤: 육풍

해륙풍.

육지와 바다가 데워지는 정도가 다른 것은 물질마다 그 물질의 온도를 높이는 데 필요한 열량이 다르기 때문인데, 육지가 바다보다 온도를 높이는 데 필요한 열량이 작다. 이 열량을 비열이라고 하며 물질 1kg의 온도를 1℃ 높이는데 필요한 열량으로 물이 1J/kg·℃로 기준이 된다.

어떤 물질의 온도를 변화시키는 데 필요한 열량은 다음 식으로 구할 수 있다.

$$열량(Q) = 비열(c) \times 질량(m) \times 온도변화(\Delta t)$$

비열 역시 물질의 종류에 따라 다르므로 물질의 특성이다. 보통 고체의 비열이 액체의 비열보다 작다.

여러 가지 물질의 비열

물질	물	알루미늄	알코올	철	모래
비열(J/kg·℃)	1	0.22	0.58	0.11	0.19

여기서 생활의 지혜를 하나 소개하겠다.

오랫동안 따뜻한 상태로 음식을 먹고 싶으면 뚝배기에 요리를 해야 한다. 뚝배기는 금속냄비보다 비열이 커서 천천히 가열되고 천천히 식기 때문이다. 금속냄비는 비열이 작은 만큼 금방 가열되고 금방 식는다. 그래서 흥분을 잘 하는 사람을 냄비 같다고 하는 것이다.

위의 표를 보면 물의 비열이 상당히 큰 것을 볼 수 있다. 물은 비열이 크기 때문에 온도 변화가 잘 일어나지 않는다. 그래서 난방이나 냉방에 주로 사용한다. 또한 물의 비열이 크기 때문에 해안지역이 내륙지역보다 기온 변화가 적다. 지구 표면의 $\frac{2}{3}$를 덮고 있는 바닷물의 대부분이 비열이 큰 물이다. 그래서 바닷물은 태양에너지를 흡수하여 저장하고 해류를 통해서 전 세계로 열에너지를 나누어주며 지구의 기온을 조절한다.

사람의 몸도 물이 약 66%를 차지하기 때문에 외부 환경의 급격한 온도 변화에도 체온을 일정하게 유지할 수 있다.

열 받으면 길어지고 커지고

살아가는 환경에 따라 체온을 유지하기 위해 생김새도 달라진다. 더운 지방에 사는 동물은 몸에 비해 몸의 끝부분이 커서 열을 잘 방출할 수 있는 모습이고 추운 지방에 사는 동물은 몸의 끝부분이 작아 열을 적게 빼앗긴다.

여름에 기차를 타고 여행하다 보면 유난히 덜컹거리는 느낌을 받는다. 철도 레일에 무슨 문제가 있는 걸까? 레일을 자세히 살펴보면 레일 사이사이에 틈이 있는 것을 알 수 있다. 왜 틈을 만든 것일까? 여름이면 전깃줄이 축 늘어진 모습을 본 적이 있을 것이다.

온도가 높으면 입자들의 움직임은 더 활발해진다. 입자들의 움직임이 활발해지면 입자 사이 인력이 약해지면서 입자 사이의 거리가 멀어진다. 즉 물체의 부피가 커진다. 이를 **열팽창**이라고 한다. 그래서 여

철도 레일.

름이면 열팽창으로 철도 레일이 늘어나거나 휘는 일이 생길 수 있다. 그걸 방지하기 위해서 레일 사이에 틈을 만들어 기차가 달릴 때 덜컹거리게 되는 것이다. 물론 전깃줄도 여름이면 길이가 길어져서 축 늘어진다. 보기 싫다고 팽팽하게 만들어놓으면 겨울에 부피가 줄어들면서 끊어질 수도 있기 때문에 여름에 늘어나고 겨울에 줄어들 것을 감안하여 길이를 맞춘 것이다.

　이밖에도 온도에 따라 금속의 부피가 달라지는 것을 실생활에 이용한 예는 많다. 전기다리미나 전기밥솥처럼 온도 변화에 따라 자동으로 전원을 차단하거나 작동시켜야 하는 전기기구에는 바이메탈을 이용한다. 바이메탈은 온도에 따른 열팽창 정도가 다른 두 금속을 붙여 놓은 장치로, 온도가 올라가면 열팽창 정도가 작은 금속 쪽으로 휘어지는 원리를 이용하여 회로를 연결하거나 차단시킬 수 있다.

지구가 뜨거워!

액체와 기체 상태일 때도 열을 받으면 부피가 늘어난다. 체온을 재는 온도계는 액체의 열팽창을 이용한 것이고 열기구가 뜨는 원리는 기체의 열팽창을 이용한 것이다.

지구는 태양으로부터 엄청난 양의 태양 복사 에너지를 받는다. 지구는 이를 흡수한 후 다시 방출하여 일정한 온도를 유지한다. 대기 중의 이산화 탄소나 수증기는 태양에서 오는 열은 통과시키지만 지표면에서 방출되는 열은 흡수한다. 그래서 지구의 온도가 유지되는 데 이를 온실 효과라고 한다.

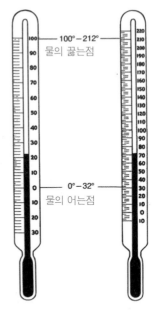

섭씨온도계와 화씨온도계 비교.
액체의 열팽창을 이용.

지구 온난화는 이산화 탄소나 수증기, 메테인 등 온실 효과를 내는 기체의 양이 증가하여 지구 대기의 온도가 점점 올라가는 현상을 일컫는다.

지구의 온도가 올라가면 홍수나 가뭄 같은 이상 기후와 빙하가 녹으면서 섬이 잠기는 일이 생긴다.

온실가스의 양이 증가하는 원인으로는 인간의 활동을 들 수 있다. 자동차, 공장, 발전소 등으로 화석 연료를 많이 사용하여 온실가스를 많이 배출하고 목축이나 개발을 위해서 아마존 정글 같은 삼림을 훼손하면서 지구는 갈수록 뜨거워지고 있다. 삼림이 줄어들면 광합성량이 줄어들어 이산화 탄소의 소모량이 줄어들기 때문이다. 따라서 이와 같은 이상 기후나 지구 온난화를 막기 위해서는 화석 연료의 사용을 억제하고 무분별한 삼림 개발을 억제해야 한다.

지구의 허파라 불리는 아마존은 무분별한 산림 훼손으로 면적이 계속 줄어들고 있다.

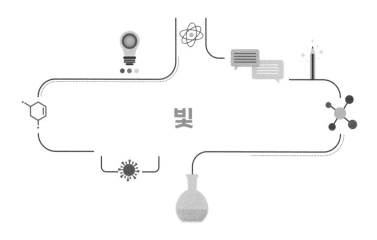

빛은 어떻게 움직일까?

물체를 보는 것은 광원에서 나온 빛이 물체에 반사된 후 우리 눈으로 들어오기 때문이다. 빛은 어떻게 움직일까? 일식, 월식 현상은 왜 일어날까?

빛의 반사.

빛은 단순히 밝음과 어두움을 만드는 존재로만 보기에는 정말 많은 것들을 숨기고 있다. 빛이 움직일 때 여러 가지 현상이 일어나며 그 현상들을 통하여 빛의 성질을 알 수 있다.

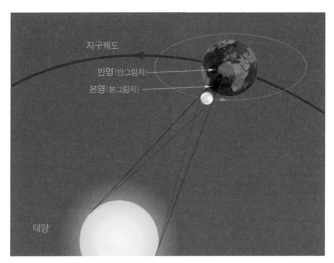

일식: 태양 - 달 - 지구.

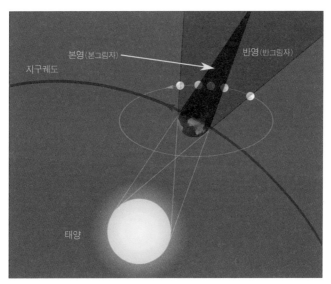

월식: 태양 - 지구 - 달.

빛은 한 물질 내에서는 곧게 나아간다. 구름 사이로 햇살이 비치는 모습을 보면 빛이 직진하는 것을 확인할 수 있다.

그림자는 빛의 직진에 의해 생기는 현상이다. 빛이 물체를 만났을 때 물체 뒤로 빛이 통과하지 못해서 어두워지는 부분이 그림자인 것이다. 그래서 빛의 위치에 따라 그림자의 크기와

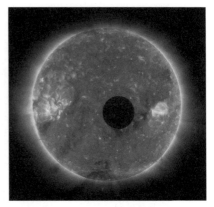

태양 앞을 지나는 달. STEREO-B 우주선에서 찍은 사진. 지구에서 보면 달과 태양의 크기가 비슷하게 보이지만 인공위성에서 보면 달이 태양보다 작게 보인다.

방향이 바뀐다. 태양과 달과 지구가 일직선으로 위치할 때 일식과 월식이 생긴다. 일식은 태양의 빛이 달에 의해 가려져서 지구상에서 태양이 보이지 않는 현상이고, 월식은 태양의 빛이 지구에 의해 가려져서 생긴 그림자에 달이 들어가기 때문에 일어나는 현상이다.

곧게 나아가는 빛은 물체에 부딪히면 반사한다. 이렇게 물체에서 반사된 빛이 우리 눈에 들어오면 우리는 물체를 볼 수 있다.

보통 빛은 반사할 때 입사각과 반사각의 크기가 항상 같도록 반사한다. 입사 광선과 경계면에 수직인 선이 이루는 각이 입사각이고 반사 광선과 경계면에 수직인 선이 이루는 각이 반사각이다. 입사각이 커지면 반사각도 커지고 입사각이 작아지면 반사각도 작아진다.

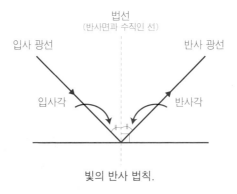

법선
(반사면과 수직인 선)

입사 광선 반사 광선

입사각 반사각

빛의 반사 법칙.

거울처럼 매끄러운 면에서는 빛이 한 방향으로 반사(정반사)되기 때문에 모습이 비쳐 보인다. 하지만 흰 종이처럼 거친 면에서는 빛이 모든 방향으로 반사(난반사)되기 때문에 모습이 비쳐 보이지 않는다. 대신 어디서든 그 물체를 볼 수 있다. 즉 지구 어디에서나 달을 볼 수 있는 건 빛이 모든 방향으로 반사되기 때문이다.

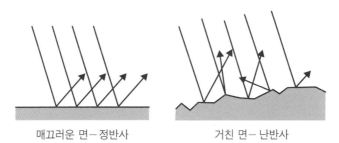

매끄러운 면 – 정반사 거친 면 – 난반사

정반사, 난반사 모두 반사면에서의 입사각과 반사각이 같기 때문에 일어나는 현상이다.

놀이공원에 가면 거울의 집이 있다. 그곳에서 내 모습을 비춰 보면 어떤 거울은 얼굴이 크게 보이고 어떤 거울은 작고 뚱뚱해 보이고 어떤 거울은 길고 날씬해 보인다. 거울의 면이 어떤 모양인가에 따라 보이는 상의 모습이 달라지는 것이다. 거울은 면이 평평한 평면거울과

면이 오목하게 들어간 오목 거울과 면이 볼록하게 나온 볼록거울이 있다. 평면거울은 크기는 같고 좌우가 반대인 상이 거울 속에 생기고, 오목 거울은 물체가 가까이 있으면 크게 보이고 멀리 있으면 작고 거꾸로 보인다. 오목 거울은 거울에 반사된 빛이 한 점에 모이기 때문에 빛을 한 곳에 모을 수도 있고 똑바로 나아가게

티치아노 작품 〈거울 앞의 비너스〉.

할 수도 있어서 자동차의 전조등이나 등대에 사용된다. 볼록거울은 거울 속에 항상 물체보다 작은 상이 생기는데, 거울에 반사된 빛이 넓게 퍼지기 때문에 빛을 흩어지게 하여 넓은 범위를 볼 수 있어서 자동차의 측면 거울이나 굽은 도로의 안전용 거울에 사용된다.

빛이 어느 한 물질에서 다른 물질로 나아갈 때 진행 방향이 꺾이는 현상이 일어난다. 이를 빛의 굴절이라 하는데 물질에 따라 빛의 속력이 달라지기 때문에 생기는 현상이다. 물잔 속에 숟가락을 넣으면 숟가락이 꺾여 보이는 것도 빛의 굴절 때문에 일어나는 현상이다.

입사각이 달라지면 굴절각도 달라지는 데 빛의 속력이 빠른 쪽이 느린 쪽보다 각의 크기가 크다. 예를 들어 빛이 공기에서 물로 들어가는 경우 공기 중에서의 속력이 물에서의 속력보다 빠르기 때문에 굴절될 때 입사각이 굴절각보다 크다. 네덜란드의 과학자인 스넬이 실험을 통해 '굴절의 법칙'을 발견했다.

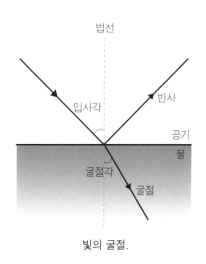

빛의 굴절.

보통 근시나 원시일 때 렌즈로 교정을 하는데 렌즈에서의 빛의 굴절을 이용한 교정법이다. 양 끝보다 가운데 부분이 두꺼운 렌즈는 볼록 렌즈로, 빛을 안쪽으로 굴절시킨다. 그래서 볼록 렌즈를 이용하면 빛을 한 곳에 모을 수 있어서 햇빛을 모아 불을 붙이는 실험도 할 수 있다. 볼록 렌즈로 물체를 보면 가까이 있는 물체는 크고 똑바로 보이고 멀리 있는 물체는 작고 거꾸로 뒤집어져 보인다. 볼록 렌즈는 돋보기, 망원경, 현미경 등에 이용한다.

양 끝보다 가운데 부분이 얇은 렌즈는 오목 렌즈로, 오목 렌즈에서는 빛이 바깥쪽으로 굴절한다. 오목 렌즈로 물체를 보

볼록 렌즈   오목 렌즈

면 물체보다 작고 똑바로 보인다. 오목 렌즈는 근시 교정 안경에 이용한다.

여러 가지 색이 합쳐진 햇빛

저녁노을은 왜 붉을까? 무지개는 왜 일곱 빛깔일까? 아리스토텔레스는 여러 가지 색은 빛과 어두움이 혼합되면서 만들어진다고 설명했다. 17세기 중엽까지 사람들은 아리스토텔레스의 생각을 따랐다. 하지만 뉴턴이 프리즘에 빛을 통과시키면서 아리스토텔레스의 생각이 틀렸다는 걸 알게 되었다. 프리즘을 통과한 빛이 여러 가지 색으로 나뉜 것이다.

비가 그친 후 해와 반대편에 뜨는 무지개는 빛이 여러 가지 색을 포함하고 있기 때문에 일어나는 현상이다. 햇빛 같은 백색광은 여러 가지 색을 포함하고 있는데 이 빛이 다른 물질로 들어갈 때 여러 가지 색깔로 분리된다. 이렇게 색이 분리되는 현상을 분산이라고 한다. 이것은 빛의 색깔에 따라 빛이 굴절하는 정도가 다르기 때문에 일어난다.

무지개.

혹시 프리즘이 있다면 빛을 비춰 보길 바란다. 그러면 빛의 분산을 확인할 수 있을 것이다. 빛은 프리즘에서 두 번 굴절하면서 색이 분리되는데 가장 위쪽에는 빨간색이, 가장 아래쪽에는 보라색 빛이 나타난다. 그 이유는 빨간색 빛이 가

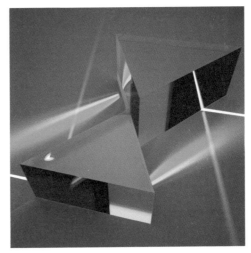

프리즘.

장 작게 굴절하고, 보라색 빛이 가장 많이 굴절하기 때문이다.

프리즘이 없다면 태양을 등지고 분무기로 공중에 물을 뿌려보자. 빛이 분산되어 무지개가 뜨는 것을 보는 좋은 방법이다.

무지개는 공기 중에 햇빛이 분산되어 나타나는 색의 띠를 말한다. 공기 중의 작은 물방울에 의해 햇빛이 분산될 때 나타나며 각각의 물방울에서 빛은 한 번 반사와 두 번의 굴절이 일어난다. 하지만 한 개의 물방울에서 나오는 여러 가지 색깔의 빛이 모두 우리 눈에 들어오지는 않는다. 서로 굴절하는 각이 달라 다른 방향으로 진행하기 때문이다. 그래서 우리 눈에 보이는 무지개는 여러 물방울에 각각 굴절된 색들이 우리 눈 쪽으로 진행하기 때문에 보이는 것이다.

일곱 빛깔 무지개로 보이는 빛은 가시광선이다. 빛은 사람의 눈에

보이는 빛인 가시광선도 있지만 눈에 보이지 않는 빛인 자외선, 적외선, 감마선 등도 있다.

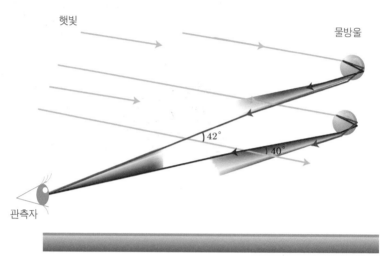

무지개.

프리즘에 의해 분산된 빛을 다시 거꾸로 놓은 프리즘에 통과시키면 이번에는 백색광이 된다. 여러 가지 색을 모두 합하면 백색이 되는 것이다.

이처럼 여러 가지 색깔의 빛이 합쳐져서 다른 색깔의 빛을 만들어 내는 현상을 합성이라고 한다.

빛의 삼원색인 빨강, 파랑, 녹색을 합성하면 여러 가지 색의 빛을 만들 수 있다.

물리적인 일을 할 수 있는 능력 에너지

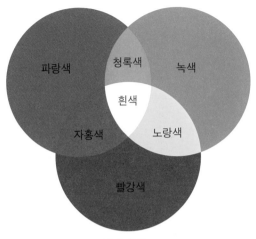

빛의 합성.

빛은 합성할수록 그 밝기가 점점 밝아져서 모두 합하면 백색이 된다.

빨강＋청록, 파랑＋노랑, 녹색＋자홍과 같이 두 가지 색깔의 빛을 더하여 백색광이 만들어질 때 두 색을 보색이라고 한다. 컴퓨터 모니터나 텔레비전은 빛의 삼원색을 적절히 합성하여 여러 가지 색의 빛을 만들어내는 기구이다. 여러 색의 점이 합쳐서 색을 만들어내는 경우는 점묘화나 옷감에서도 볼 수 있다.

이와 반대로 물감을 섞어서 색을 만들 경우에는 색을 합할수록 그 밝기가 점점 어두워져 다 합치면 검은색이 된다.

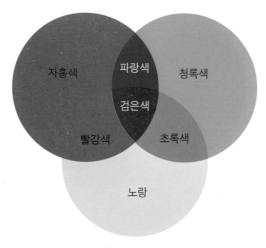

색의 삼원색.

색의 삼원색은 빛의 삼원색 중 각각 두 가지 색을 합한 색으로 자홍, 청록, 노랑이다. 원판에 여러 가지 색깔을 칠하여 돌리면 색이 합성된 색깔을 볼 수 있다.

우리 눈에 보이는 색은 곧 물체가 반사한 색이다. 그중 노란색은 다른 색은 모두 흡수하고 빨간색과 녹색만 반사하는 성질을 가졌다.

빨간색 꽃은 빨간색만 반사하고 녹색 잎은 녹색 빛만 반사한다. 그렇기 때문에 광원의 색에 따라 물체의 색은 다르게 보인다. 빨간 불빛 아래에서는 빨간색 티가 빨간색으로 보이지만 녹색 불빛 아래에서 빨간색 티는 검은색으로 보인다. 정육점에서는 붉은 등 아래 고기를 진열하고 과일가게는 유난히 조명을 밝게 한다. 이유는 붉은 불빛 아래에서는 고기가 붉은색을 반사해서 더 신선해 보이고 과일은 밝은 조명 아래에서 자신의 색을 반사해서 더 색이 뚜렷하게 보이기 때문이다.

　하늘이 파랗고 저녁노을이 붉게 보이는 것은 빛이 산란하기 때문이다. 공기 중에는 물방울과 먼지, 여러 가지 기체 입자들이 있다. 가시광선이 이들과 만나면서 사방으로 흩어지는데 이를 산란이라고 한다. 빛의 색에 따라 각각 파장이 다르며 파장에 따라 산란되는 정도도 다르다. 맑은 날에는 산란된 빛 중에서 파란 빛이 눈에 들어오고 저녁노을은 해가 지면서 빨간 빛이 산란되어 눈으로 들어온다. 구름이 하얗게 보이는 건 빛이 구름 속 물방울과 만나 사방으로 흩어지기 때문이다.

다양한 색깔의 꽃들.

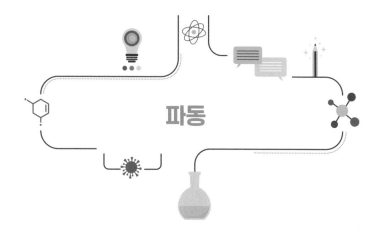

파동

잔잔한 호수에 돌을 던지면 돌이 떨어진 곳에서부터 물결이 동그랗게 사방으로 퍼져나간다. 수면에 생긴 물결이 사방으로 퍼져나가는 것처럼 한 곳에서 생긴 진동이 다른 곳으로 퍼져 나가는 현상을 파동이라고 한다. 비행기나 큰 물체가 지나가면 유리창이 떨리는 현상을 보면 진동이 퍼져나간다는 것을 알 수 있다.

혹시 여러분은 바다에 놀러가 튜브를 끼고 떠 있으면 파도가 멀리서 다가와서 몸을 바닷가로 밀어낼 거 같은데

물결파.

도 이상하게 제자리에서 떠올랐다가 내려앉기만 반복하는 경험을 해본 적이 있는가? 파동이 진행될 때 매질은 제자리에서 진동할 뿐 파동과 함께 이동하지 않기 때문이다. 즉 파동이 진행할 때 매질은 이동하지 않고 에너지만 전달된다.

매질은 파동을 전달하는 물질로, 물결파는 물이 매질이다. 따라서 물결이 아무리 출렁거려도 물이 이동하지 않고 물결파와 함께 에너지만 이동한다.

파동은 줄이나 용수철에서의 파동이나 바다의 파도, 호수의 물결같이 눈에 보이는 파동도 있고 소리, 빛, 라디오나 텔레비전에 사용되는 전파같이 눈에 보이지 않는 파동 등 종류가 다양하다.

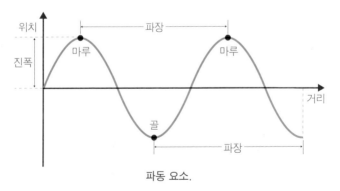

파동 요소.

마루: 수면이 가장 높게 올라간 곳
골: 수면이 가장 낮게 내려간 곳
파장: 마루와 마루 또는 골과 골 사이의 거리
진폭: 수면으로부터 마루 또는 골까지의 거리

매질의 한 점이 진동하는데 걸리는 시간을 주기라 하고 단위는 초를 사용한다. 매질의 한 점이 1초 동안 진동하는 횟수는 **진동수**라고 하며 단위는 헤르츠(Hz)를 사용한다. 용수철을 흔들어 파동을 만들 때 빨리 흔들면 진동수가 많아지고 천천히 흔들면 진동수는 적어진다. 파장은 파동에서 마루와 마루 사이의 거리, 또는 골과 골 사이의 거리이다. 파장이 길면 진동수가 줄어들고 파장이 짧으면 진동수가 늘어난다.

파동을 매질의 진동 방향과 파동의 진행 방향에 따라 나누면 횡파

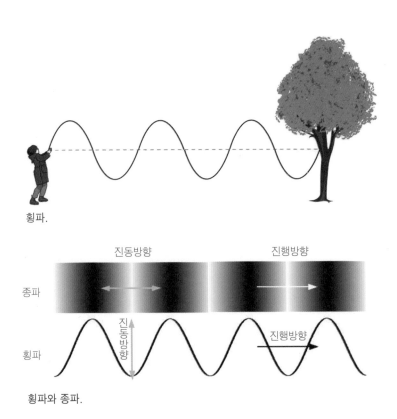

횡파.

횡파와 종파.

물리적인 일을 할 수 있는 능력 에너지

와 종파로 나뉜다.

용수철이나 줄을 좌우로 흔들 때 생기는 파동이 횡파이며 이때 매질의 진동 방향과 파동의 진행 방향은 서로 수직이다. 횡파로는 지진파의 S파, 전자기파, 빛 등이 있다.

용수철을 앞뒤로 흔들 때 빽빽한 곳과 듬성듬성한 곳이 규칙적으로 나타나는 파동은 종파로, 매질의 진동 방향과 파동의 진행 방향이 나란하다. 그리고 지진파의 P파, 소리, 초음파 등이 종파에 속한다.

파동은 매질이 달라지면 전파 속력이 변한다. 물결파의 경우 물의 깊이가 얕을수록 전파 속력이 느려진다. 또한 빛처럼 파동 역시 진행하다가 장애물을 만나면 반사되거나 굴절된다. 파동이 반사할 때도 빛이 반사할 때와 같이 입사각과 반사각이 같다. 파동의 반사 현상은 물결파뿐만 아니라 용수철 파동, 음파 등 모든 종류의 파동에서 나타난다.

산에 올라가서 '야호' 하고 소리치면 들려오는 메아리는 반대쪽 산에서 소리가 반사되어 되돌아오기 때문에 나타나는 현상이다. 이러한 파동의 반사 현상을 이용하여 해저 지형이나 깊이를 조사할 수 있고 박쥐는 파동의 반사를 이용하여 장애물을 피하거나 곤충을 잡아먹는다.

진행하던 파동이 다른 매질을 만나면 그 진행방향이 꺾이는 것을 파동의 굴절이라고 한다.

'낮말은 새가 듣고 밤말은 쥐가 듣는다'는 속담은 낮에는 소리가 위로 퍼지고, 밤에는 아래로 퍼지는 소리의 굴절을 보여준다. 이렇게 소리의 굴절이 생기는 이유는 기온에 따른 소리의 속력 변화 때문이다. 소리의 전달 속력은 기온이 높을수록 빠른데 이때 파동은 속력이 느린 쪽으로 굴절한다.

낮에는 지표가 태양열에 의해 따뜻해지기 때문에 지표 부근 공기보다 상공의 공기가 차서 상공의 소리 전달 속력이 지표 부근보다 느려진다. 그래서 소리가 위로 굴절한다. 밤에는 지표가 식으면서 지표 부근 공기가 상공의 공기보다 차가워진다. 그래서 지표의 소리 전달 속력이 상공보다 느려져 소리가 아래로 굴절한다.

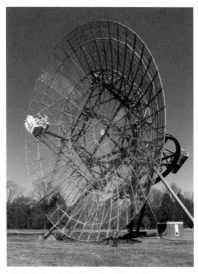

레이더의 안테나. 파동의 반사를 이용한 장치.

그러면 담 너머에서 소리가 들리는 건 어째서일까? 앞에서 배운 대로라면 소리가 담에 부딪히면 반사하거나 굴절되므로 담 너머로 전달되지 않아야 한다. 그것은 파동이 진행하다가 장애물을 만났을 때 소멸되지 않고 장애물의 뒤쪽으로 휘어져 진행되기 때문이다. 이를 파동의 회절이라고 한다. 따라서 파장이 길수록 회절은 잘 일어나고 틈의 간격이 좁을수록 회절은 잘 일어난다.

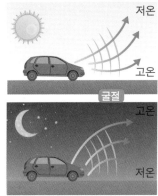

반사 회절 저온 고온 굴절 고온 저온

소리의 반사, 회절, 굴절

보일은 당시 독일의 게리케가 발명한 공기 펌프를 개량하여 공기에 관한 여러 가지 실험을 했다. 그리고 공기가 없으면 소리가 전달되지 않는다는 것을 확인했다.

소리는 물체의 진동에 의해 발생한다. 북을 두드리면 막이 진동한다. 이 진동이 매질인 공기에 전달되면 공기 입자들도 같이 진동하여 사방으로 퍼져 나간다. 소리는 전파되는 방향과 매질의 진동 방향이 나란한 종파이며, 이를 음

보일의 공기 펌프.

파라고도 한다.

소리가 우리 귀에 들리려면 물체의 진동이 공기를 진동시켜 그 진동이 공기를 통해 전달되어 고막을 진동시켜야 한다.

소리는 기체, 액체, 고체에서 모두 전달되며 기체보다 액체나 고체에서 더 빠르다. 하지만 매질이 없으면 소리는 전달되지 않는다. 때문에 우주에서는 내 등 뒤에서 다른 사람이 나를 불러도 나는 그 소리를 들을 수 없다.

그러면 사람마다 목소리가 다르고 악기마다 소리가 다른 건 왜일까?

그건 소리의 맵시가 각각 다르기 때문이다. 같은 세기의 소리라도 소리를 내는 물체가 나타내는 소리의 파형이 다른 것이다. 진동하는 물체나 진동하는 방법이 다르기 때문에 각자의 소리 특성을 가진다. 영화에서 목소리로 범인을 찾아내는 장면을 본 적이 있을 것이다. 소리특성을 이용한 범죄 수사이다. 또 여러 소리를 변화시켜 새로운 소리를 만들어낼 수도 있다. 휴대전화나 밥솥 같은 전자기기에서 나는 소리는 음향 설계자가 만들어낸 소리이다.

소리의 세기는 **진폭**과 관계가 있다. 진폭이 커지면 공기가 더 큰 폭으로 진동하므로 큰 소리가 난다.

소리의 세기가 커지면 소음이 되기도 한다. 자려고 하는데 골목길에서 빵빵 경적을 울린다거나 한밤중에 세탁기를 돌리면 그 소리를 듣는 사람들은 불쾌감을 느끼게 되고 스트레스를 받게 되는 것이다.

같은 사람임에도 여자와 남자의 목소리 높이도 다르다. 소리의 높낮

소리의 3요소 : 세기, 높이, 맵시(음색)

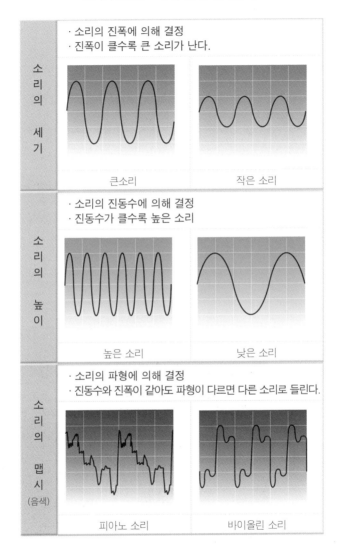

소리의 세기	· 소리의 진폭에 의해 결정 · 진폭이 클수록 큰 소리가 난다. 큰소리　　　　작은 소리
소리의 높이	· 소리의 진동수에 의해 결정 · 진동수가 클수록 높은 소리 높은 소리　　　　낮은 소리
소리의 맵시 (음색)	· 소리의 파형에 의해 결정 · 진동수와 진폭이 같아도 파형이 다르면 다른 소리로 들린다. 피아노 소리　　　　바이올린 소리

이는 진동수에 따라 다른데 진동수가 많을수록 높은 소리가 난다. 여자의 성대가 남자의 성대보다 짧아서 더 많이 떨리기 때문에 여자의 목소리가 남자의 목소리보다 높은 소리가 난다.

사람이 들을 수 있는 진동수는 20Hz~20000Hz 사이로 그 이상의 소리는 사람의 귀로는 들을 수 없다. 20000Hz 이상의 소리는 초음파라 한다. 고래나 박쥐는 초음파를 이용해서 먹이를 찾거나 장애물을 피하고 서로 의사소통을 한다.

인간이 초음파 기술을 사용하기 시작한 건 바다 속 지형을 파악하고 숨어 있는 잠수함을 찾기 위해서였다. 군사용으로 시작된 초음파 기술은 현재 음파 탐지기 외에 비파괴 검사, 초음파 세척기, 가습기, 초음파 스캐닝 등 다양하게 활용되고 있으며 특히 의료 분야에서는 초음파를 이용해 몸 속을 살피는 영상진단기기와 초음파에너지로 암세포

초음파를 이용하여
날아다니는 박쥐.

를 태워서 없애는 치료에도 쓰고 있다.

구급차 소리는 거리에 따라 소리가 다르게 들린다. 왜 그럴까?

소리는 파장이 길면 낮은 소리로 들리고 파장이 짧으면 높은 소리로 들린다. 소리를 내는 물체가 움직이면 관측자가 느끼는 파장도 달라지는데 관측자에 가까워질수록 파장이 짧아지고 물체가 관측자로부터 멀어지면 파장이 길어진다. 즉 구급차가 가까이 다가오면 파장이 짧아지면서 진동수가 많아져서 높은 소리가 들리고 구급차가 멀어지면 파장이 길어지면서 진동수가 줄어들어 낮은 소리가 들린다. 이 현상은 1842년 오스트리아의 물리학자인 도플러가 제안해서 **도플러 효과**라고 한다.

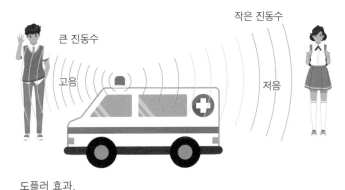

도플러 효과.

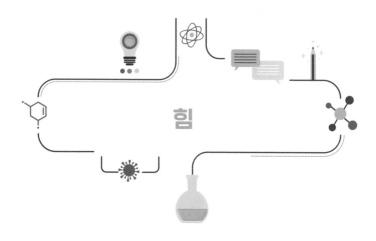

힘

여러 가지 힘

1665년 온 유럽을 휩쓰는 흑사병을 피해 대학생인 뉴턴은 고향으로 내려왔다. 당시 어떻게 달이 지구 주위를 돌 수 있을까? 하는 생각에 잠겨 있던 뉴턴은 사과나무에서 사과가 떨어지는 것을 보게 된다. 뉴턴은 지구가 잡아당기는 힘에 의해 떨어지는 사과를 보면서 달의 운동에도 중력이 어떤 역할을 하는 것이라는 생각을 떠올리고 20년 동안의 연구 끝에 **만유인력**의 개념을 완성했다(현재는 중력의 법칙이라고 한다).

일상생활에서 힘은 여러 가지 의미로 사용되지만 과학에서 말하는 힘은 물체의 빠르기나 운동 방향, 모양을 변화시키는 원인이다.

야구 선수가 날아오는 야구공을 배트로 칠 때 야구공은 모양이 찌그러지면서 멈췄다가 다시 날아간다. 이렇게 힘이 작용하면 모양이 바뀌거나 빠르기가 바뀌게 된다. 물론 용수철을 누를 때처럼 모양만 바뀌기도 하고 야구공을 던질 때처럼 빠르기만 변하기도 한다.

우리가 땅 위를 걷는 것이 가능한 이유는 우리가 땅에 발을 대며 미는 순간 땅도 동시에 역시 사람을 밀어주기 때문이다. 이처럼 힘을 주는 물체와 힘을 받는 물체가 동시에 힘을 주고받는 현상을 **힘의 상호작용**이라고 한다. 배에서 노를 저으면 물이 뒤로 밀리면서 배가 앞으로 나아가는 현상도 힘의 상호작용에 의해서이다. 힘의 상호작용이 일어날 때는 힘의 방향은 반대이고 힘의 크기는 서로 같아야 한다. 힘은 접촉하여 작용하는 경우도 있고 접촉하지 않아도 작용하는 경우도 있다. 힘의 크기를 나타내는 단위는 N(뉴턴)이다.

힘을 표시할 때는 힘의 3요소를 화살표로 간단히 표시할 수 있다.

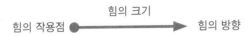

우리 주위에 작용하는 여러 가지 힘 중에서 몇 가지에 대해 알아보자.

접촉하지 않아도 작용하는 힘
접촉하지 않아도 작용하는 힘으로는 중력과 전기력, 자기력이 있다. 중력은 질량이 있는 두 물체가 서로 당기는 힘으로 달이 지구 주위를 돌게 하는 힘이 바로 **중력**이다. 지구가 물체를 당기는 힘인 지구의 중력은 어디에서나 지구의 중심을 향해 작용한다. 그래서 공을 위로 높이 던져도 결국엔 아래로 떨어지고 폭포수는 아래로 쏟아져내린다. 이처럼 중력의 방향이 지구 중심인 것을 이용하여 중력감지기로 물체의 기울어진 정도를 측정하고 방향을 바꿀 수 있다. 스마트 기기의 화면이 방향에 따라 자동회전을 하거나 운동할 때 걸음 수를 측정하는 것도 중력의 방향을 중력감지기가 인식하기 때문이다.

중력은 두 물체의 질량이 클수록, 두 물체 사이의 거리가 가까울수록 크다. 때문에 지구의 중력이 달보다 훨씬 크다면 달은 지구로 떨어지게 될 것이다. 하지만 다행스럽게도 지구와 달의 중력은 서로 균형을 이루고 있어서 달이 지구의 주위를 돌고 있다.

물체에 작용하는 중력의 크기를 무게라고 한다. 무게는 힘의 단위와 같은 N(뉴턴)을 사용한다. 달에 간 우주인들의 걸음이 무언가 어색해 보인다. 경중경중 걷는 느낌이 든다. 왜 그럴까? 지구와 달에서의 무게가 다르기 때문이다. 무게는 중력의 크기이기 때문에 중력이 달라지면 물체의 무게도 달라진다. 달은 지구 중력의 약 $\frac{1}{6}$ 이기 때문에 지구에서의 무게보다 달에서의 무게가 약 $\frac{1}{6}$ 가량 줄어든다. 그래서 지구에서 걷는 것과는 움직임이 달라지게 된다.

하지만 장소가 달라져도 변하지 않는 물체의 고유한 양도 있다. 이것을 **질량**이라고 한다. 물체를 이루는 입자량이기 때문에 질량은 변하지 않는다. 무게는 중력과 관계가 있기 때문에 체중계나 용수철 저울로 측정하고 질량은 입자량과 관계가 있기 때문에 양팔저울로 측정한다.

1957년 구소련에서 발사한 인류 최초의 인공위성 스푸트니크 1호는 지구의 중력을 이용하여 지구 주위를 달처럼 도는 데 성공했다.

전기를 띤 물체 사이에 작용하는 힘인 전기력은 (+)전기와 (−)전기로 되어 있다. 전기력의 크기는 물체가 띤 전기의 양이 많을수록, 전기를 띤 물체 사이의 거리가 가까울수록 커진다. 또 물체를 대전시킬 때 전체가 (+)전기나 (−)전기 중 한 가지로만 대전시킬 수 있다. 컴퓨터 모니터를 닦아내면 먼지가 다시 달라붙는 것도 이 마찰 전기력 때문이다. 서로 다른 종류의 전기 사이에는 끌어당기는 힘인 인력이 작용하고 서로 같은 종류의

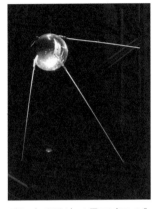

최초의 우주선 스푸트니크 1호가 미국 우주박물관에 전시된 모습. 미국과 소련의 우주 전쟁에서 스푸트니크 호의 발사로 소련이 한발 앞서게 되었다.

마찰 전기. CD에 달라붙는 종이조각.

전기 사이에는 밀어내는 힘인 척력이 작용한다.

자기력은 자석과 쇠붙이, 또는 자석과 자석 사이에 작용하는 힘이다. 지구가 커다란 자석과 같은 역할을 하기 때문에 나침반의 N극은 북쪽

을 가리킨다. 자기력은 자
석의 세기가 셀수록, 자석
사이의 거리가 가까울수록
커진다. 자석은 아무리 잘
라내도 한쪽이 N극이면 다
른 쪽은 S극으로 자석의 N
극과 S극은 따로 떨어지지
않는다.

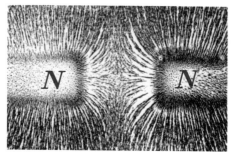

자기력. 막대자석을 덮은 흰 종이 위의 철가루의
모습이 자석의 자기장을 따라 형성되었다.

서로 다른 극 사이에는 끌어당기는 힘인 인력이 작용하고 같은 극
사이에는 밀어내는 힘인 척력이 작용한다.

1820년 덴마크의 물리학자 외르스테드는 우연히 전류가 흐르는 도
선 주위에 있던 나침반의 자침이 흔들리는 것을 발견하고 전기가 자
기를 만든다고 생각했다. 이와 같은 외르스테드의 논문을 읽게 된 프
랑스의 앙페르는 전류에 의해 발생하는 자기장의 방향을 찾아냈다.

전류의 방향으로 오른손의 엄지손가락을 놓고 도선을 감아쥐면 나
머지 네 손가락의 방향이 자기장의 방향이다. 이는 '앙페르의 오른나사
의 법칙'이다.

뒤를 이어 패러데이가 전자기 유도 현상을 발견함으로써 전동기, 변
압기, 발전기의 제작에 이용되는 등 전자기학은 실생활에 적용되면서
발전해왔다. 전기력과 자기력을 합쳐서 전자기력이라 한다.

접촉해야만 작용하는 힘

접촉해야만 작용하는 힘으로는 탄성력과 마찰력, 부력이 있다.

용수철처럼 모양이 변형되었다가 다시 원래대로 돌아가려고 하는 성질을 탄성이라 한다. 탄성이 있는 물체를 **탄성체**라 하고 변형된 물체가 원래 모양으로 돌아가려는 힘을 **탄성력**이라 한다. 탄성력은 작용한 힘의 반대 방향으로 작용하는데, 탄성력의 크기는 탄성체의 모양이 변한 정도가 클수록 커진다.

우리 주변에서도 탄성력은 다양하게 이용되고 있다. 트램펄린은 탄성력을 이용하여 튀어오르고 자전거 안장은 탄성력을 이용하여 충격을 흡수한다. 눌렸다가 다시 튀어오르는 컴퓨터 자판도 이런 탄성력을 이용하여 만들었다. 물체의 무게를 측정하는 손저울이나 체중계도 탄성력을 이용하는 장치이다.

컴퓨터 자판.

그렇다면 **마찰력**은 어떤 힘일까?

책상을 밀면 책상다리와 접촉한 바닥 사이에서 책상을 움직이기 어렵게 하는 힘이 작용한다. 물체가 어떤 면과 접촉했을 때 이 접촉면에서 물체의 운동을 방해하는 힘이 **마찰력**이다.

동계 올림픽 종목 중 컬링 경기는 바닥을 닦아서 원하는 방향으로

토리노 올림필에서 컬링 경기 중인 미국 컬링팀.

공을 움직이게 하여 점수를 낸다. 두 물체의 접촉면에서 물체의 운동을 방해하는 힘인 마찰력을 이용한 경기이다.

마찰력은 물체가 움직이는 방향과 반대방향으로 작용하며 물체의 무게가 무거울수록, 두 물체의 접촉면이 거칠수록 커진다. 일상 생활에서는 마찰력의 크기를 조절해 생활에 이용한다. 컬링 경기에서 바닥을 닦는 것은 마찰력을 적게 해서 공이 잘 미끄러지도록 하기 위한 행동이다. 겨울에 자동차 타이어에 체인을 감는 것은 접촉면을 거칠게 하여 마찰력을 크게 만들어 눈길에도 미끄러지지 않도록 하기 위함이다.

수영을 못 하는 사람도 튜브가 있으면 두려움 없이 물놀이를 즐긴다. 사람이 물에 빠지면 구명환을 던진다. 튜브나 구명환을 사용하는 이유는 무엇일까?

물 속에 들어가면 몸이 가벼워지는 느낌이 든다. 물이 내 몸을 밀어올리기 때문이다. 이처럼 액체나 기체가 물체를 밀어올리는 힘을 부력이라고 한다. 부력은 중력과 반대 방향으로 작용한다. 물에 배가 뜰 수 있는 것도 물의 부력이 작용하기 때문이고 공기 중에서 열기구가 하늘로 올라가는 것도 공기의 부력이 작용하기 때문이다.

부력은 물 속에 잠겼을 때 줄어든 물체의 무게만큼 작용한다. 10N의 물체를 물 속에 넣었을 때 용수철 저울로 잰 무게가 7N이라면 3N의 부력이 작용한 것이다. 부력은 물에 잠긴 물체의 부피가 클수록 크게 작용한다. 짐을 가득 실은 배가 빈 배보다 물에 더 많이 잠겨서 부력을 더 많이 받는다. 하지만 짐을 너무 많이 실으면 배는 가라앉게 된다. 이걸 방지하기 위해 배에는 짐을 실을 수 있는 한계선인 흘수선이 표시되어 있다. 물에 빠진 사람이 튜브나 구명환을 잡고 있으면 물에 잠긴 전체 부피가 커진다. 물에 잠긴 부피가 커지면 부력을 많이 받으므로 익사할 위험이 줄어든다. 구명조끼나 구명환은 부력을 이용하여 물에 뜨도록 해서 사고를 막는 안전 장비이다. 잠수함은 중력과 부력을 조

잠수함.

절해서 움직인다. 잠수할 때는 탱크에 물을 채워서 부력보다 중력이 커지도록 하고 떠오르고 싶을 때는 탱크에 압축공기를 채워서 중력보다 부력이 커지도록 한다.

여러 가지 힘이 함께 작용할 때

무거운 물체는 혼자보다는 둘이 힘을 합쳐서 들면 좀 더 쉽게 들 수 있다. 하지만 어떤 때는 둘이 같이 들었음에도 가벼워진 느낌이 들지 않을 때가 있다. 왜 그럴까?

한 물체에 여러 가지 힘이 작용할 때 여러 힘들이 합쳐져서 하나의 힘으로 작용하는 데 이를 **합력**이라고 한다. 여러 힘이 작용하는 방향에 따라서 **합력의 크기**는 달라진다.

두 힘이 함께 작용할 때 합력의 크기를 알아보자. 두 힘이 같은 방향으로 작용할 때는 두 힘을 더한 값이 합력이다. 두 힘이 반대 방향으로 작용할 때는 두 힘 중 큰 힘에서 작은 힘을 뺀 값이 합력이다. 두 힘의 크기가 같다면 같은 방향으로 작용할 때는 합력이 2배가 되고 반대 방향으로 작용할 때는 합력이 0이 된다. 한 물체에 여러 힘이 작용했을 때 합력이 0일 경우를 **힘의 평형**이라고 한다. 팔씨름을 하는 두 사람이 열심히 힘을 써도 어느 한쪽으로도 밀리지 않는다면 힘의 평형을 이룬 것이다.

두 힘이 작용점은 같으나 나란하지 않게 작용할 때 합력은 두 힘을 두 변으로 하는 평행사변형의 대각선이다. 두 힘 사이의 사잇각이 작을수록 합력이 커진다.

- 나란한 방향으로 작용하는 두 힘의 합력

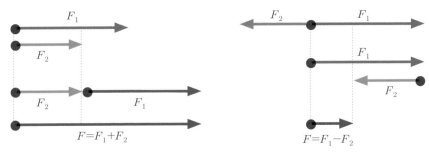

같은 방향일 경우(두 힘의 합) **반대 방향일 경우**(큰 힘 − 작은 힘)

- 나란하지 않은 두 힘의 합력

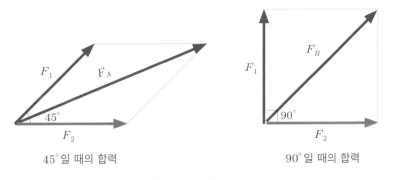

45°일 때의 합력 90°일 때의 합력

평행사변형법
두 힘 사이의 사잇각이 작을수록 합력이 커진다.

두 힘의 차 $\leq$ 두 힘의 합력 $\leq$ 두 힘의 합
(사잇각이 180°일 때) (사잇각이 0°일 때)

그래서 둘이 함께 무거운 짐을 들 때는 둘 사이의 사잇각을 줄이면 힘이 덜 든다. 세 힘의 합력을 구하고 싶을 때는 어떻게 해야 할까? 이 때는 먼저 두 힘의 합력을 구한 후 그 합력과 나머지 한 힘의 합력을 구하면 된다.

운동할 때 속력은 어떻게 달라질까?

힘이 작용하면 물체는 모양이 변하거나 빠르기가 바뀐다. 물체의 빠르기란 일정한 시간 동안 물체가 이동한 거리를 나타낸다. 물체의 위치가 시간에 따라 변하는 상태는 운동이라고 한다.

100m를 달리는데 준규는 15초, 만호는 18초가 걸렸다면 준규가 빠르다고 한다. 같은 거리를 이동할 때는 걸린 시간이 짧을수록 빠르기 때문이다. 같은 시간일 경우는 이동한 거리가 멀수록 빠르다.

이렇게 물체의 빠르기를 단위 시간 동안에 물체가 이동한 거리로 나타낸 것이 속력이다.

$$\text{속력} = \frac{\text{이동 거리}}{\text{걸린 시간}}$$ 단위 ㎧(초속), km/h(시속)

네비게이션에 목적지를 넣으면 도착 시간이 나온다. 도착시간은 전체 거리를 걸린 시간으로 나눈 평균속력을 기준으로 계산한다. 과속하는 차량을 단속하는 스피드건은 순간속력을 측정한다.

운동은 속력이 일정한 운동과 속력이 변하는 운동으로 나눌 수 있다. 에스컬레이터나 스키 리프트처럼 일정한 속력으로 움직이는 운동을 등속 운동이라고 한다. 등속 운동은 일정한 속력으로 움직이기 때문에 시간에 비례하여 이동 거리가 증가한다. 이동 거리를 구하고 싶으면 걸린 시간과 속력을 곱하면 된다.

인공위성이 지구 주위를 도는 것처럼 속력은 일정한데 방향만 바뀌는 운동도 있는데 이를 **등속 원운동**이라고 한다.

속력이 변하는 운동은 속력이 증가하는 운동과 속력이 감소하는 운동이 있다.

한겨울 스키를 타고 눈 쌓인 언덕을 내려오면 점점 속력이 빨라진다. 운동하는 방향과 같은 방향으로 힘이 작용하기 때문이다. 이처럼 힘의 방향과 운동 방향이 같은 운동이 속력이 증가하는 운동이다. 들고 있는 물체를 놓으면 아래로 떨어진다. 떨어지는 물체에 중력이 작용하기 때문이다. 물체가 중력을 받아 아래로 떨어지는 운동을 자유 낙하 운동이라고 한다. 자유 낙하 운동은 물체가 운동하는 방향과 같은 방향으로 중력이 작용하기 때문에 시간에 따라 속력이 일정하게 증가한다. 공기의 저항이 없다면 자유 낙하하는 물체에 작용하는 힘은 중력뿐이라 물체의 질량과 관계없이 물체의 속력은 매초마다 9.8m/s씩 빨라진다. 이 가속도는 중력에 의해 생기므로 **중력 가속도**라 한다.

운동장을 굴러가는 공은 서서히 속력이 줄어들다가 결국 멈추게 된다. 공이 굴러가면서 운동장 바닥과 마찰하면서 마찰력을 받기 때문이다. 움직이는 방향과 반대 방향으로 힘을 받게 되어 속력이 감소하는 운동을 하는 것이다.

시계 바늘처럼 일정한 속력으로 방향만 바뀌는 등속 원운동이 있는
가 하면 진자 운동이나 포물선 운동처럼 방향과 속력이 함께 변하는
운동도 있다. 이 운동은 힘의 방향과 움직이는 방향이 나란하지 않은
경우에 나타난다. 등속 원운동은 힘의 방향과 운동 방향이 수직이고
진자 운동이나 포물선 운동은 힘의 방향과 운동 방향이 비스듬하다.

원 운동이나 진자 운동은 같은 운동을 반복한다. 이런 운동을 **주기
운동**이라고 한다. 주기 운동에서 주기와 진동수는 서로 반비례한다.

시계 추가 왔다갔다 하는 모습을 보면 추가 곡선 경로를 따라 매 순
간 운동 방향이 바뀐다.

진동의 중심에서 가장 빠르고, 양쪽 끝으로 갈수록 느려져 양쪽 끝
점에 도달하는 순간 추는 정지한다. 정지한 추는 방향을 바꿔서 다시

프랑스 팡테옹에 설치된 푸코의 진자.

운동을 반복한다. 그렇다면 추를 더 높이 들어서 진폭을 넓히면 주기가 더 길어질까?

진자의 주기는 진폭이나 추의 질량과는 관계가 없다. 다만 진자의 길이에 의해서만 달라지는데 진자의 길이가 길수록 주기가 길어진다.

힘과 운동은 어떤 관계일까?

그럼 정지해 있는 물체에는 힘이 작용하지 않는 걸까? 아무 힘도 작용하지 않을 때 물체는 어떤 운동을 할까?

책상 위에 사과가 놓여 있다. 이 사과는 지구의 중심에서 끌어당기는 힘을 받고 있다. 그런데 왜 떨어지지 않을까? 책상이 이 사과를 떠받히고 있기 때문이다. 즉 중력과 책상이 떠받히는 힘이 같기 때문에 사과가 움직이지 않는다. 이 말은 합력이 0이라는 말이다.

그러면 운동하는 물체는 힘을 받기 때문에 운동하는 걸까?

운동하는 물체에 어떤 힘도 작용하지 않는다면 그 물체는 속력과 방향이 일정하게 유지되는 **등속 직선운동**을 하게 된다. 이와 같은 등속 직선운동은 운동하는 물체에 작용하는 힘이 평형 상태를 유지하는 경우에도 일어난다. 즉 물체에 작용하는 **알짜힘**인 합력이 0인 것이다.

그 옛날 갈릴레이는 땅에 굴러가는 공이 멈추는 것을 보고 힘이 어떻게 작용하는지 궁금했다. 아리스토텔레스는 힘이 가해질 때만 물체가 움직인다고 생각했다. 그러다 보니 당시 사람들은 공에 힘이 계속 작용하지 않기 때문에 공이 멈춘다고 생각했다.

갈릴레이는 머릿속으로 다음과 같은 실험을 했다.

① 마찰이 없는 곡면의 한쪽에 공을 놓으면 공은 맞은편 곡면의 처음과 같은 높이까지 올라갈 것이다.
② 곡면을 점점 완만하게 해도 공은 처음과 같은 높이까지 올라간다. 즉, 빗면이 완만해질수록 공은 같은 높이까지 올라가기 위해 점점 더 멀리 굴러갈 것이다.
③ 만약 곡면이 지면과 나란하게 되면 공은 같은 높이까지 올라가기 위해 계속 굴러갈 것이다.

그리고는 마찰력이 없는 수평면에서 운동하는 물체에 힘이 작용하지 않으면 그 물체는 언제까지나 같은 속력으로 운동을 계속할 것이라는 결론을 내렸다.

물체에 힘이 작용하지 않으면 정지해 있던 물체는 계속 정지해 있으려 하고, 운동하고 있는 물체는 속력과 방향이 변하지 않고 계속 운동 상태를 유지하는 성질을 관성이라 한다. 물체의 질량이 클수록 관성이 크다. 물체에 힘이 작용하지 않으면 물체는 처음의 운동 상태를 계속 유지한다

관성의 법칙은 쉽게 관찰할 수 있다.

물리적인 일을 할 수 있는 능력 에너지

는 관성의 법칙은 뉴턴의 제1운동법칙이다.

달리는 버스 안에 서 있을때 버스가 멈추면 몸이 버스 진행 방향으로 쏠리는 현상이 관성의 예이다. 체조선수가 공중회전을 하고 바닥에 섰을 때 바로 멈추지 못하고 몸을 비틀거리는 것도 관성 때문이다. 운동하는 물체에 힘이 작용하면 어떻게 될까? 가속도의 법칙으로 설명할 수 있다. 뉴턴의 제2운동법칙은 가속도의 법칙이다. '물체에 작용하는 힘이 클수록 속력의 변화도 커진다'라는 것이다. 수식으로 나타내면 $F=ma$이다.

물체에 작용하는 알짜힘이 0이 아닐 경우 물체의 운동 상태가 변한다. 즉 물체의 운동 방향은 변하지 않고 속력만 변하거나 속력은 일정하고 운동 방향만 변하기도 한다. 또는 속력과 운동 방향이 함께 변하는 경우도 있다.

물체의 운동 방향과 나란한 방향으로 힘이 작용하는 경우에는 방향은 변하지 않고 속력만 변하게 된다. 운동 방향과 같은 방향으로 일정한 힘이 계속해서 작용하면 물체의 속력은 일정하게 증가한다. 힘이 일정하게 작용할 때 두 물체의 질량이 다르면 물체의 질량이 작을수록 속력의 변화가 크다. 즉, 질량이 클수록 물체의 속력은 쉽게 변하지 않는다. 물체의 질량이 같은 경우는 작용하는 힘의 크기가 클수록 속력의 변화도 크다.

예로 물체가 지면으로 떨어지는 낙하 운동을 들 수 있다. 물체는 낙하하는 동안 계속해서 중력을 받는다. 물체의 운동 방향과 같은 방향으로 일정한 힘이 계속 작용하므로 속력은 일정하게 증가한다.

갈릴레이가 피사의 사탑에서 무게가 다른 두 물체를 던져서 두 물체가 동시에 떨어지는 것을 확인하는 실험을 했다는 이야기가 있다. 사실 갈릴레이가 피사의 사탑에서 진짜로 던졌다는 증거는 없지만 아리스토텔레스의 생각이 틀렸다는 것을 증명하기 위해 경사면에서 두 물체를 굴리는 실험은 한 것으로 보인다. 공기의 저항이 있을 때는 공기 저항을 많이 받는 물체가 늦게 떨어지지만 공기의 저항이 없는 진공에서는 중력 가속도가 일정하므로 두 물체가 동시에 떨어진다. 이를 직접 확인하기 위해 1971년 달에 착륙한 아폴로 15호의 우주 비행사 데이브 스콧은 전 세계가 보고 있는 앞에서 깃털과 망치를 동시에 떨어뜨렸다. 물론 두 물체는 동시에 바닥에 닿았다.

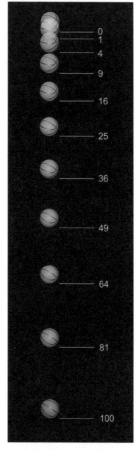

중력에 의한 공의 낙하운동.

자동차의 엑셀레이터를 밟으면 가속이 되고 브레이크를 밟으면 감속이 된다. 물체의 운동 방향과 나란한 힘을 받을 때 같은 방향으로 힘을 받으면 속력이 빨라지는 운동을 하고 반대 방향으로 힘을 받으면 속력이 느려지는 운동을 한다.

물체의 운동 방향과 수직으로 힘이 작용할 경우에는 물체의 속력은 변하지 않고 운동 방향만 변한다. 예로 쥐불놀이를 들 수 있다. 쥐불놀이는 불이 든 깡통에 연결된 줄을 잡고 빙글빙글 돌리는 놀이이다. 줄을 잡은 손에서 작용하는 힘인 구심력과 깡통이 움직이는 방향은 수직이다.

그래서 깡통은 중심과 수직인 방향으로 같은 속력으로 움직이면서 원운동을 하게 된다. 인공위성이 지구 주위를 도는 운동도 원운동이다. 지구의 중력이 구심력으로 작용하고 인공위성은 중력과 수직 방향으로 움직이기 때문에 지구 주위를 계속 같은 속력으로 돈다.

물체의 운동 방향과 힘이 비스듬하게 작용할 경우에는 물체의 속력과 운동 방향이 모두 변한다. 운동장에서 공을 차 보자. 가만히 있는 공을 발로 차면 공은 공중으로 떠오른다. 공중에 떠오른 공은 중력을 받아서 점점 아래로 내려오는데 포물선 모양으로 움직인다. 수평으로 작용하는 관성과 수직으로 작용하는 중력을 받기 때문이다. 야구에서 투수가 던진 공이 포물선을 이루고 타자가 친 공이 포물선으로 날아가는 것도 다 제2운동법칙 때문이다.

그럼 힘은 어떻게 작용할까?

뉴턴의 제3운동법칙은 '두 물체에서 한쪽에서 힘이 작용하면 다른 쪽이 같은 힘을 동시에 반대방향으로 작용한다'는 것이다.

예를 들면 노를 저어 배를 움직일 때 노로 물을 밀어내면 물이 다시 배를 밀어서 배가 앞으로 나아가게 된다.

노가 물을 밀어내는 작용을 하면 물이 배를 미는 반작용을 하는 것이다. 로켓을 발사하는 원리도 작용과 반작용이다. 로켓의 연료가 연소하면서 만들어낸 가스를 뿜어내면 그 반작용으로 로켓이 발사된다. 우주선을 발사할 때 엄청난 열과 가스가 뿜어져 나오는 걸 볼 수 있는데 이는 그 반작용으로 우주선이 지구 중력을 이기고 날아갈 수 있어야 하기 때문이다. 점프를 높이 하고 싶은가? 그렇다면 땅을 힘껏 밀어내야 한다. 내가 땅을 밀어낸 힘만큼 땅이 반작용으로 날 밀어낼 것이기 때문이다.

나로호 발사.

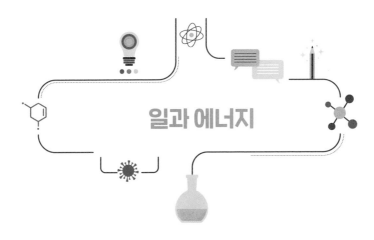

일과 에너지

움직이지 않으면 일하지 않았다?

우리는 매일 어떤 일을 끊임없이 한다. 컴퓨터게임이 우리에겐 놀이지만 게이머들에겐 일인 것처럼 일은 사람에 따라서 개념이 달라진다. 하지만 과학에서 말하는 일은 우리가 말하는 일과 다르다. 과학에서는 물체에 힘을 가하여 물체가 힘의 방향으로 이동한 경우를 일이라고 규정한다. 열심히 힘을 주어도 움직이지 않으면 한 일은 0이다. 아무리 무거운 가방을 메고 있어도 가만히 서 있으면 과학에서는 일을 안 한 것이다. 과학에서 일을 하지 않은 경우는 또 있다. 힘의 방향과 이동 방향이 직각을 이룰 때와 마찰이 없는 수평면에서 물체를 끄는 경우도 한 일은 0이 된다.

일의 크기는 어떻게 구할까? 일이 힘의 방향으로 이동해야 한다고 했으므로 일은 힘과 이동 거리의 곱으로 나타낸다.

$$W(\text{일}) = F(\text{힘}) \times S(\text{이동 거리})$$

물체에 작용한 힘의 크기를 나타내는 단위는 N(뉴턴), 이동 거리의 단위는 m(미터)이므로 일의 단위는 N·m(뉴턴미터)이다. N·m는 J(줄)로도 표현한다. 1J=1N·m로 1N의 힘으로 물체가 힘의 방향으로 1m 움직이는 동안 하는 일의 양을 나타낸다.

예를 들어 물체를 들어 올릴 때 하는 일은 W=9.8m×h(일=무게×높이)로 구할 수 있고 물체를 밀거나 끌 때 하는 일은 W=F×S(일=마찰력×이동 거리)로 구할 수 있다.

일을 효율적으로 하려면?

같은 일을 해도 더 빨리 마무리 짓는 사람이 더 능률적으로 일을 했다고 한다. 하지만 일의 양이 같기 때문에 누가 능률적으로 일을 했는지 구분할 수가 없다. 그에 따라 일을 하는 데 걸리는 시간을 포함한 다른 개념이 필요하다. 그래서 도입된 개념이 **일률**이다. 일률은 일의 양을 그 일을 하는 데 걸린 시간으로 나눈 값으로, 일률이 크면 일을 효율적으로 한다는 뜻이다.

$$P(\text{일률}) = \frac{W(\text{일의 양})}{t(\text{걸린 시간})}$$

일률의 단위로는 W(와트)=J/s, HP(마력) 등을 사용하는 데 1W는 1초 동안에 1J의 일을 하는 일률을 말하고 1HP는 말 한 마리가 1초 동안에 할 수 있는 일의 양으로, 약 735W이다.

일을 한 시간이 같을 때는 일의 양이 많을수록 일률이 크고 일의 양이 같을 때는 시간이 적게 들수록 일률이 크다.

피라미드는 어떻게 만들었을까?

거대한 피라미드를 만들 때 그 많은 큰 돌들을 어떻게 운반했을까?

이 거대한 돌들을 과연 사람들이 이고 지고 나를 수 있었을까? 직접 보지 못했다고 해도 불가능하다는 것은 쉽게 알 수 있다. 그래서 당시의 사람들도 빗면과 통나무 바퀴 등 도구를 사용했다. 이처럼 우리는 무거운 물건을 쌓거나 나를 때 지레, 빗면, 도르래 등의 도구를 만들어서 사용한다. 건설 현장에서 많이 이용되던 것이 지레로, 지레를 사용할 경우 힘의 크기와 방향을 변화시켜서 일을 쉽게 할 수 있다.

지레는 작용점, 받침점, 힘점의 3요소를 가지고 있다. 작용점에서 받침점까지의 거리가 짧을수록, 힘점에서 받침점까지의 거리가 멀수록 작은 힘으로 큰 물체를 들 수 있다.

지레는 작용점, 받침점, 힘점의 위치에 따라 나누는데 받침점이 작용점과 힘점 사이에 있는 지레를 1종 지레라 하고 작용점이 받침점과 힘점 사이에 있는 지레를 2종 지레, 힘점이 받침점과 작용점 사이에 있는 지레를 3종 지레라 한다. 1종 지레와 2종 지레는 힘의 이득이 있으나 3종 지레는 물체의 무게보다 더 큰 힘으로 물체를 들어야 해서 힘의 이득은 없다. 대신 정교한 작업을 할 수 있다. 손톱깎이처럼 2종 지레와 3종 지레를 함께 사용하는 복합지레를 만들면 힘의 이득도 보

기자의 피라미드.

면서 정교한 작업도 할 수 있다.

수원 화성을 축조할 때 정약용이 만든 거중기는 도르래와 줄을 이용한 기계 장치이다. 고정 도르래는 힘의 방향을 바꿔주고 움직도르래는 물체 무게의 절반의 힘만 들게 해주었다. 위에 도르래 4개와 아래 도르래 4개를 이용하여 무거운 돌을 좀더 쉽고 빠르게 들어 나를 수 있었다. 거중기로는 무거운 돌을 들어 옮기고 녹로로는 돌을 10미터 높이까지 들어올려서 2년 반 만에 수원 화성을 완성할 수 있었다.

피라미드를 만들 때 무거운 돌을 빗면을 이용하여 운반한 것도 힘을 덜 들게 하기 위해서였다.

하지만 어떤 도구를 사용하더라도 한 일의 양은 변함없다. 힘이 적게 들면 이동 거리가 길어지기 때문이다. 그래서 일의 양에는 아무 이득이 없다. 이것이 일의 원리이다.

수원 화성의 거중기. 정약용의 《화성성역 의궤》에 거중기에 대한 설명과 그림이 실렸다.

에너지

사람이 음식을 먹고 움직이며 일을 할 수 있는 근원적인 에너지는 태양 복사 에너지임을 이미 앞에서 설명했다. 에너지란 일을 할 수 있는 능력을 말한다. 에너지를 사용해서 일을 할 수 있고 반대로 일을 해서 에너지를 만들 수 있다. 즉, 에너지와 일은 서로 전환될 수 있다. 그래서 에너지의 단위는 일의 단위인 J을 사용한다. 인류는 현재 에너지를 석유, 석탄, 천연가스, 나무 등에서 얻고 있다. 발전소에서는 여러 에너지원을 이용하여 전기 에너지를 만든다. 제대로 이야기하면 전기 에너지를 만든다기보다는 다른 형태의 에너지를 전기 에너지로 전환하는 것이다. 석유, 석탄의 화학 에너지를 전기 에너지로 전환하고 이 전기 에너지는 집으로 와서 전등에서는 빛에너지로, 전열기에서는 열에너지로 전환되어 이용된다.

높은 곳에 있는 물체는 중력에 의해 낙하한다. 낙하하는 물체가 바닥에 있는 물체를 이동시켰다면 일을 한 것이다. 이렇게 높은 곳에 있는 물체가 가지는 에너지를 위치 에너지라고 한다.

$$E_p(위치 에너지) = 9.8 \times m(질량) \times h(높이)$$

더 무거운 물체가 떨어지면 바닥에 있는 물체도 많이 이동한다. 더 높은 곳에서 물체를 떨어뜨리면 물체의 위치 에너지도 커진다. 그래서 위치 에너지는 질량과 높이에 비례한다.

볼링공을 굴리면 움직이는 볼링공은 볼링핀을 쓰러뜨리는 일을 한다. 즉 움직이는 물체는 일을 할 수 있는 능력인 에너지를 가졌다. 이를 운동 에너지라고 한다.

$$E_k(운동 에너지) = \frac{1}{2} \times m(질량) \times v^2(속력^2)$$

무거운 볼링공을 굴리면 부딪힌 볼링핀이 더 많이 움직인다. 볼링공을 세게 굴리면 속력이 빨라지면서 볼링핀이 세게 튕겨나간다. 그래서 운동 에너지는 질량에 비례하고 속력의 제곱에 비례한다.

'낙숫물이 댓돌을 뚫는다'는 속담이 있다. 처마에 매달린 물이 가진 위치 에너지가 떨어지면서 운동 에너지로 바뀌어 댓돌에 부딪히면서 구멍을 뚫는 일을 하는 것이다. 물체가 자유 낙하 할 때 중력이 한 일이 다 운동 에너지로 바뀌기 때문에 중력이 물체에 한 일의 양과 물체의 운동 에너지는 같다. 위치 에너지와 운동 에너지의 합을 '역학적 에너지'라고 한다.

높이 있는 물체가 낙하하면서 물체의 높이가 낮아지면 위치 에너지는 감소한다. 하지만 속력이 증가하므로 물체의 운동 에너지는 증가한다. 물체의 위치 에너지가 운동 에너지로 바뀐 걸까? 물체가 운동할 때 위치 에너지와 운동 에너지는 서로 전환될 수 있다. 물체가 낙하할 때 최고 높이에서 위치 에너지가 최대일 때 운동 에너지는 0이고 바닥에 닿는 순간에 위치 에너지는 0이 되고 운동 에너지는 최대가 된다. 그렇게 물체가 낙하할 때 각 높이에서의 위치 에너지와 운동 에너지의 합은 항상 일정하게 된다. 이를 역학적 에너지 보존 법칙이라고 한다. 단 이는 공기의 저항이나 마찰력이 작용하지 않을 경우에 성립된다.

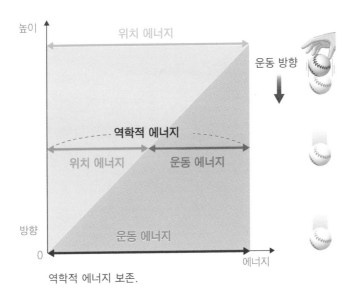

역학적 에너지 보존.

$$\text{역학적 에너지} = 9.8mh + \frac{1}{2}mv^2 = \text{일정}$$

놀이공원의 롤러코스터는 처음에 높이 올라간 후에 아래로 떨어진다. 높은 곳에서 가진 위치 에너지로 레일을 따라 움직이는 것이다. 롤러코스터는 아래로 내려오며 위치 에너지가 작아지면서 운동 에너지로 바뀌고 위로 다시 올라갈 때는 운동 에너지가 작아지고 위치 에너지가 커진다. 이론대로라면 어느 위치에서나 위치 에너지와 운동 에너지의 합은 일정하다. 하지만 롤러코스터는 점점 올

롤러코스터.

라가는 높이가 낮아지다가 결국 멈춘다. 왜 그럴까? 공기 저항이나 마찰이 작용하면 역학적 에너지는 보존되지 않기 때문이다.

그렇다면 역학적 에너지가 보존되지 않을 경우 에너지는 어떻게 움직일까? 공기의 저항이나 마찰력이 작용할 경우 역학적 에너지는 점점 감소하면서 열에너지가 발생한다. 롤러코스터가 움직이면서 공기 저항과 레일과의 마찰로 열이 발생하게 되어 역학적 에너지가 줄어들어 멈추게 된 것이다. 즉 감소하는 역학적 에너지와 열에너지의 합이 일정해지는 것이다. 다시 말해 역학적 에너지가 다른 에너지로 전환

되었을 때도 전체 에너지 양은 보존된다. 에너지는 전환과정에서 새로 생기거나 없어지는 일이 없이 에너지 전환만 가능하다. 바로 '에너지는 여러 형태로 전환되지만 그 총합은 항상 일정하다'는 에너지 보존 법칙이 성립한다.

오래 전부터 과학자들은 스스로 영원히 움직이는 영구기관을 만들고자 했다. 처음 에너지를 주면 그 에너지가 전부 운동 에너지로 변했다가 위치 에너지로, 또 다른 에너지로 계속 전환하면서 스스로 영원히 움직이는 기계를 만들고 싶었던 것이다. 이와 같은 꿈을 이루기 위해 많은 과학자들이 연구를 거듭했지만 아직까지 아무도 성공하지 못했다.

현재까지 영구기관이 불가능하다는 사실이 바로 에너지 보존 법칙을 확인해준다. 에너지는 열에너지, 운동 에너지, 위치 에너지, 빛에너지, 화학 에너지 등 여러 가지 형태로 존재할 수 있고 또한 여러 가지 방법을 통해서 한 형태에서 다른 형태로 전환될 수 있다.

태양 복사 에너지는 식물의 잎을 통해 영양소라는 화학 에너지로 저장되고 우리는 영양소를 먹고 움직임으로서 화학 에너지를 운동 에너지로 전환한다. 이런 식으로 에너지는 끊임없이 전환하고 흐르면서 자연의 여러 가지 현상을 일으킨다. 여러 형태로 전환되는 에너지를 우리는 일상생활에서 다양하게 이용한다. 휴대전화를 충전하는 건 전기 에너지를 화학 에너지로 전환하는 것이고 전기밥솥은 전기 에너지를 열에너지로 전환해서 밥을 짓는다. 집으로 들어온 전기 에너지는 빛에

너지, 열에너지, 운동 에너지 등 다양한 에너지로 전환되지만 이 전환
된 에너지를 모두 합하면 처음 전기 에너지의 양과 같다.

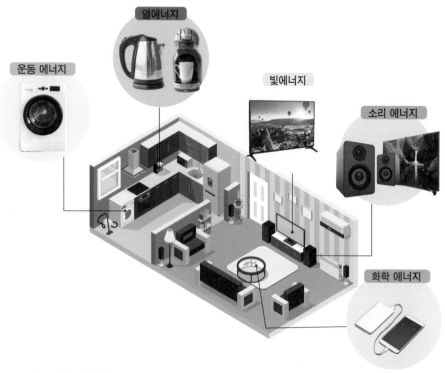

전기 에너지 전환.

그렇다면 왜 에너지를 절약해야 할까? 에너지는 형태가 바뀌어도 총
량에는 변화가 없다고 했으니까 우리가 사용할 수 있는 에너지도 영원
해야 하는 것이 아닌가?

슬프게도 열에너지로 한번 빠져나간 에너지는 위치 에너지나 운동

에너지 같은 역학적 에너지로 완전히 전환시킬 수가 없다. 즉 에너지 전환 효율이 낮다. 그래서 에너지를 절약하자고 하는 것이다. 여기서 에너지 절약이란 열로 전환되어 버려지는 에너지를 줄이자는 말이다.

일상생활에서도 에너지를 절약해야 한다. 인간의 삶이 편리해지면서 에너지를 많이 사용하게 되고 그로 인해 환경 오염과 기후 변화가 일어나서 세계적으로 많은 문제점들이 발생하고 있다. 이대로 가다가는 인류가 멸망하게 될지도 모른다. 자원을 절약하고 에너지를 효율적으로 사용하고 신재생에너지를 개발하는 등 여러 가지로 인류의 미래를 위한 준비를 해야 한다.

가모브가 들려주는 원소의 기원이야기   김충섭, 자음과 모음

과학의 순교자   이종호, 사과나무

과학이 된 무모한 도전들   마르흐레이트 데 헤이르, 원더박스

길버트가 들려주는 지구 자기 이야기   이병주, 자음과 모음

뇌, 인간을 읽다   마이클 코벌리스, 반니

누구나 알아야 할 모든 것, 우주   크리스 쿠퍼, Gbrain

리히터가 들려주는 지진 이야기   좌용주, 자음과 모음

별은 연금술사?   정완상, 거인

살아있는 과학 교과서 1   홍준의 외 3인, 휴머니스트

서양과학사   김성근, 안티쿠스

세상의 과학은 어떻게 시작되었는가   스티븐 버트먼, 예문

엉터리 과학 상식 바로 잡기   칼 크루스젤리키, 민음인

우주 홀릭   알렉산더 폰 베하임-슈바르치바흐, Gbrain

이인식의 멋진 과학1   이인식, 고즈윈

중학교 과학 교과서   천재교과서 visang

지식과 감정에 대하여   두뇌 연구 -잔 루프너, 자음과 모음

특강, 중학과학   최은정 외 4인, 지학사

한 권으로 끝내는 과학   피츠버그 카네기 도서관, Gbrain

한발 빠른 과학 교과서   아트 서스만, 서해문집

우주덕후사전   이광식, 들메나무

우주여행 무작정 따라하기   에밀리아노 리치, 더퀘스트

위키백과 ko.wikipedia.org

기상청날씨누리 www.kma.go.kr